“十四五”普通高等教育本科部委级规划教材

建筑学美术基础教程

张丽娜◎主　编
才智琦　张青青　刘志艳◎副主编

中国纺织出版社有限公司

内 容 提 要

建筑学美术基础课程是建筑学专业学生的必修课程之一，如何使学生在庞杂的艺术体系中获得有效的知识架构节点，从而更好地为建筑设计服务，是本书编写的最初目的。

本书共分为4个章节，以素描造型基础、色彩认知训练为基础理论课程，通过对几何空间的感受与认知，体验绘画与建筑之间的相对关联性；以设计素描、综合视觉训练为实践应用性的课程，从具象到抽象，从虚拟到实体之间，探讨艺术于空间中的表现形式与存在状态，从而形成对建筑空间以及对“美”的认知与诠释，为建筑设计提供全新的视野与构思的途径。本书是针对建筑学科领域美术基础教学实践的创新性研究，同时也是关于对建筑学学生艺术思维与感知能力培养的全新探索。

本书适用于建筑学专业和城乡规划专业学生，以及从事相关专业的读者使用。

图书在版编目（CIP）数据

建筑学美术基础教程 / 张丽娜主编；才智琦，张青青，刘志艳副主编 . -- 北京：中国纺织出版社有限公司，2022. 3
“十四五”普通高等教育本科部委级规划教材
ISBN 978-7-5180-9250-5

Ⅰ. ①建… Ⅱ. ①张… ②才… ③张… ④刘… Ⅲ. ①建筑艺术 — 素描技法 — 高等学校 — 教材 Ⅳ. ①TU204.111

中国版本图书馆 CIP 数据核字（2021）第 270913 号

责任编辑：李淑敏　　责任校对：王蕙莹　　责任印制：王艳丽

中国纺织出版社有限公司出版发行
地址：北京市朝阳区百子湾东里 A407 号楼　邮政编码：100124
销售电话：010 — 67004422　传真：010 — 87155801
http: //www.c-textilep.com
中国纺织出版社天猫旗舰店
官方微博 http: //weibo.com/2119887771
北京华联印刷有限公司印刷　各地新华书店经销
2022 年 3 月第 1 版第 1 次印刷
开本：787 × 1092　1/16　印张：8.5
字数：125 千字　定价：68.00 元

凡购本书，如有缺页、倒页、脱页，由本社图书营销中心调换

序 言

记得七八年前我陪同王澍和其夫人陆文宇教授一起参观香港艺术博物馆的安迪·沃霍尔的大型展览，他们在一幅只有几根线条的巨大油画布前停了下来，王澍说了“举重若轻”四个字，我至今印象深刻。“举重若轻”可能是做事的一个较高境界。几根线条的布局需要设计，手要能控制两三米长的线条需要点时间练习，而画的内容需要生活积淀、思考和筛选。而画面体现出来的强烈视觉震撼，却像是几分钟内完成了，就像齐白石画葫芦。他们的作品都给人一种“谁都会画”的感觉，这种感觉真好！

据说人的大脑分成左右两半，各司其职，一半负责理性思维，另一半负责感性思维。理性驾驭做事的方式，感性代表了对品质的判断，缺一不可。建筑设计中对生活品质的判断离不开感性思维。如果不把“美”限制在视觉刺激范围内，美实际上无处不在。从功能、空间、形体布局，到结构材料选择，从方案汇报、报批、施工质量把控，再到使用者进入建筑，安排自己的生活，美的判断也无处不在。当然，要把事事都做到举重若轻的境界，太难了。

中国的建筑院校大都强调美术课是有道理的。大多数学生入学前接受了很强的理性思维的培养，而感性思维能力相对薄弱。入学后通过美术课来加强感性思维训练，既是“补课”，也是进入建筑设计思维的重要的转型过程。美国教育家柯尔布（D.Kolb），把人的专业思维分成四种类型：发散型、归纳型、集中型和应变型。他发现，建筑学属于应变型。数学、物理和化学属于与应变型相反的归纳型。用大学五年时间把归纳型的高中毕业生变成应变型的建筑师，在教与学的过程中，老师和学生都很困难。最困难的时期莫过于大学一二年级。担子最重的是教基础课的老师。这也许就是很多优秀建筑学校最好的老师都教大学一二年级的原因。

应变型的人最大的特点是会“边做边学”。建筑设计的过程是靠动手画图、动手做模型和动手建造来实现的。设计一栋建筑需要两三年甚至更长的时间；一个建筑的课程设计需要两三个月的时间；画一幅画可能只需要一两个星期，甚至更短。画本身就是作品，不用代表其他什么。而建筑设计图无论多好，也只是代表可能的建筑，设计图本身既不是建筑，也不是作品。这说明“边做边学”的过程体验在美术课里可以进行得更快、更完美、更有成就感。对学生，特别是低年级的学生来说，保持成就感和愉悦感（愉悦感时常来自成就感）非常重要，这也许是中国的建筑院校将美术课放在低年级的原因吧。

我以为只要美术老师喜欢画画，把自己的作品和艺术创作乐趣分享给学生，教学生一点技法，让学生也能分享自己的作品就可以了。然而现实并非如此简单，美术老师要向科学家一样理性而严谨、定量又定性地设计自己的教学大纲，特别是要回答美术课如何为建筑设计服务这么一个大课题。这本书代表了这一代青年美术教师的努力和成果，作者理论基础扎实，教学大纲严谨，教学手法丰富。内容既有技法训练，也有创意思维训练；既有观察事物的训练，也有建造能力的培养。教学成果，特别是在艺术和建筑设计相结合的课题的探索上，完美体现在学生的作品之中。然而，这些努力并不影响本书的阅读感，因为书中有大量的优秀艺术作品评析，特别是当代艺术的介绍，也有不少优秀建筑的图片和分析。当然，本书中优秀的学生作品也为提升读者的阅读兴趣增色不少。作者的写作是艰辛的，背后的教学和研究工作是沉重的，而我阅读此书却是轻松的。本书也许是举重若轻的又一个案例吧。

贾倍思

2021年11月30日

自 序

问题的产生

在十几年前，笔者带着学生们去观看一位德国表现主义艺术家的展览。在参观过程中，学生们面对满是瓦楞纸、钢盔、麻绳等粘贴的作品时疑惑地问我，“老师，这幅作品好在哪里呢？”“像这样的画怎么欣赏呢？”或是，“老师，这画的是什么，我怎么看不懂呢？”

其实，像这样的问题学生们不只一次地提问过。许多人画了多年的素描与色彩，走到美术馆却依然有看不懂的艺术作品。那么，什么才是“艺术”？对此，我们很难简单地将它定义，艺术或许是一种形式语言，是一个不断进化和变动的有生命的实体，艺术作品传达着一条信息，或是一种思想，它具有感动我们的品质与特征。现代艺术、当代艺术正在慢慢地介入我们的生活，它的介入不只是关于美学，更为我们提出了一种批判性的思考方式，使我们开始重新审视自我、审视艺术。

我们能做什么

随着社会的发展与进步，艺术的表现形式更加多元化，艺术抽象思维与创造力的介入成为交叉学科新的理论架构体系。而与之对应的教育教学改革也开始了新的征程，可在这其中,我们始终需要解决一个根本性的问题——我们该如何去学习“艺术”？或者说，“艺术”是可以被“教”的吗？作为艺术教育者，我们又该如何传播关于“艺术的方式”。多年来，这些问题一直指引着笔者努力在教学中探索、寻找。艺术需要我们用心去体验，艺术的感觉需要不停地刺激来培养。我们尝试探索新的课程内容，研究更新教学体系，在教学中不断地向学生“学习”，不断地改变教学思路与引导方式，从学科交叉中获取更有效的融合信息，寻找突破点与创新点。艺术来源于生活，其并非是孤立的存在与刻意的编造，也不再是高高在上、不可触摸，艺术将服务于社会，服务于我们的生活，让人们懂得如何去认知社会、感受自我，而教师需要做的就是引导学生：在思辨中学会创新，在实践中学会创造，在感受中学会思考。

建筑与绘画

建筑被视为特定历史与文化脉络下的艺术作品，艺术是建筑的灵魂，绘画是建筑的原动力。建筑与艺术密不可分，这一点毋庸置疑。康定斯基用几何形态的绘画语言、纯粹的色彩把平面绘画的具象形态更加抽象地表现出来。几何形的表现方式恰恰与建筑之间存在着某种关联，如果说，绘画是一种建立在二维平面中的艺术形态，那么建筑则是建立在三维空间中的立体构成。平面中的点、线、面的关系或许是建筑师眼中形成的柱、墙与空间的关系。用建筑师的视点进行观察，便会瞬间产生空间层次与流动的关系，将自身投射到实际的空间中，感受并体会空间上的实际意义。绘画之于建筑是其具象化呈现的过程，无论是纸上描绘还是数字输出，都将是形象、构造、思维、科技有机的融合，是实现其价值的源泉。绘画带给人类最丰富的想象，探讨人类对未来的思考。21世纪的生态建筑，更加体现了建筑与艺、建筑与自然构造的一种生态秩序与空间的多维协调的关系。

建筑学专业中的美术教学，是一种融合，更是一种修为。在不断更新的教学实践中，我们关注的不只是让学生如何去画好、画像，而是让学生学会如何去思考、去创新。

发现美

我们赞美一切美好的事物，我们仰望天空，看见蓝天、白云，却不曾发现一片树叶带给我们的美丽；我们远眺，看见大地带给我们不一样的风景，却不曾注意到一片枯萎的花瓣也有它的不同。当你在烦杂的世界中去寻找所谓的“美”，或许它不在别处，它就在你的身边：上学的路上、上课的教室里，它是身边的一切日常。你所能触及的所有的“美”，它无处不在，只是我们缺少了发现美的眼睛与感受生活的心灵。

思变

思变概念的提出，是需要拓展相应领域的知识架构关系，创造一种新的秩序空间、形状、原则，形成人与人的交互，人与自然的融合。从观而变，从思而变，以致内心。由学生被动地接受到激发他们的兴趣点，从对事物最初的感性认识，到探索事物本质的规律，寻找事物所隐藏的其他属性，为己所用，使其成为创作的灵感源泉。改变观看的方式、理解的方式、诠释的方式，从思变中去比较、分析，触及物像更丰富的艺术形式与感知形态。引导学生寻找触动自我的元素与环节，透过表象挖掘事物内在的联系与发生形态，从中获得创造性思维的方式。对于“艺术”，或许并不需要我们每一个人都能读懂理解，我们需要做的就是将观看方式尽量地扩展到个体所能接受的方向上，不仅是个体视觉上的参与，还有身体、情感，都可以参与其中，在交流与互动中感受它的魅力所在。

设计

当人们为了更好的生活而施展实践性的才智时，这便产生了设计。设计是为了解决人类生存发展中出现的问题。设计亦是评论、是观点、是一种视角，更是一份社会责任。

设计需要解决的是社会问题，它存在生产、流通、接受，以及产品的循环过程中，设计是横向的，并不属于哪一类单学科，设计是一种创造性行为，是创造一种更为合理的生存方式。

设计不是一种技能，而是捕捉事物本质的感觉能力和洞察能力。“日常”是设计的源泉，也是设计的意义所在。

设计，就是再创造。

设计教育是为了培养一种创造的能力与智慧，我们从观念、思维、方法、课程体系等各个方面来整合知识的架构与资源，并且希望通过设计这种手段获得知识的实践性应用。

课程中的设计是为了让建筑与艺术更加紧密地结合在一起，通过观察与思考，利用多种表现手段与独特的艺术表现语言，培养对复杂物体的相对感性的逻辑抽象思维能力。鼓励每一位学生都具有鲜明的个体特点与独立的思考逻辑，最终实现再创造的过程。

创新

创新是什么？创新不是简单的改变与更新，创新是一种融合，是在不断的知识更新中寻找的契机，形成诠释事物的另一种方式。创新是思变的方式，它不是为了改变而改变，更不是为了更新而更新，而是一种途径、是一种思考、是一种探索。我们需要提出问题，然后去思考如何诠释问题。将实践与视觉教育融为一体，以视觉感知、实践和审美修养的培养作为主要目标，将传统进行扩展、丰富、创新。将现代艺术、当代艺术的形式与思考方法，带入教学中，以视觉与观念的交互为教学的出发点，从而达到培养具有创新能力建筑师的目标。

我们介绍并欣赏相关的艺术作品，通过视觉分析的过程，从作品中提炼出艺术语言的元素和知识节点，再解读。选择多种观看方式，或许会有新的发现，从所谓的“旧物”中去寻找，如使用的材料、作品的特点以及作品背后的文化背景等，进行对比、讨论、分析、重组，重新审视已知的作品，从另外的路径中形成新的思路，再去创新。

希望通过对此书的阅读，能够帮助读者找到一种全新的认知方式，通过这样的方式引发思考，带动创新。

本书的出版要感谢我的学生，他们让笔者懂得了教学相长，感谢他们在课程作业中对反复探讨与磨合所作出的努力与付出，感谢学院的大力支持！

在这里要特别感谢香港大学贾倍思教授为此书提出有价值的建设性意见！希望这本书对建筑类的学生以及从事相关专业的读者有所帮助！

编者

2020年10月于江河建筑学院

教学内容及课时安排

<table>
<tr><th>章（课时）</th><th>课程性质（课时）</th><th>节</th><th>课程内容</th></tr>
<tr><td rowspan="5">第一章
（64课时）</td><td rowspan="9">理论（128课时）</td><td></td><td>·素描造型基础</td></tr>
<tr><td>一</td><td>经典作品解读</td></tr>
<tr><td>二</td><td>素描造型课程概述</td></tr>
<tr><td>三</td><td>几何形体结构分析</td></tr>
<tr><td>四</td><td>素描空间表现与秩序</td></tr>
<tr><td rowspan="4">第二章
（64课时）</td><td></td><td>·色彩认知训练</td></tr>
<tr><td>一</td><td>经典作品解读</td></tr>
<tr><td>二</td><td>课程概述</td></tr>
<tr><td>三</td><td>色彩认知表现</td></tr>
<tr><td rowspan="8">第三章
（64课时）</td><td rowspan="14">应用（128课时）</td><td></td><td>·设计素描</td></tr>
<tr><td>一</td><td>经典作品解读</td></tr>
<tr><td>二</td><td>课程概述</td></tr>
<tr><td>三</td><td>几何形态分析与转化</td></tr>
<tr><td>四</td><td>几何空间转译</td></tr>
<tr><td>五</td><td>物像解析表现</td></tr>
<tr><td>六</td><td>体会周遭事物——具象表现</td></tr>
<tr><td>七</td><td>材料的衍生与表现</td></tr>
<tr><td rowspan="6">第四章
（64课时）</td><td></td><td>·综合视觉训练</td></tr>
<tr><td>一</td><td>经典作品解读</td></tr>
<tr><td>二</td><td>课程概述</td></tr>
<tr><td>三</td><td>具象表现</td></tr>
<tr><td>四</td><td>离我们最近的抽象画</td></tr>
<tr><td>五</td><td>当艺术介入空间</td></tr>
</table>

目 录

第一章 素描造型基础

课程名称： 素描造型基础

课程内容： 1. 几何形体结构分析

2. 素描空间表现与秩序

课程时间： 64课时

课程介绍： 造型基础作为分析空间物体的载体是培养空间思维意识的最有效的课程之一。通过引导学生对单一或多个物象的观察与分析，透过事物内部的空间关系与形式，解构物象、提炼语言，通过有序或无序的排序与组合，重新组织物象表达语言，建构具有独特性的逻辑分析导向。从零基础到有意识的创新设计，素描造型基础是不可缺少的基础课程，引导学生建立独立观察、自主构图、深入分析、合理构建的能力，从中探寻事物的基本规律。

第一节 经典作品解读

人类的生活由物质生活和精神生活组成，而人类对精神生活和美的追求，哪怕在最恶劣的环境中也没有放弃，这是人类文明进步的根本所在。建筑构造和功能的发展作为人类文明进步的标志，在改变、愉悦人们生活的同时，也在影响着人们观看世界的方式。绘画与建筑在本质上有着紧密的关联，他们都是通过线与线之间的关系对空间构成进行组合与指向的过程。绘画中的点、线、面侧重的是平面本身的构成关系，而建筑学中面对的点、线、面则是一系列的指向三维空间的构成符号。建筑倚重艺术来表达与传承，由此引出建筑师的意识、思维状态和动机。艺术的发展是一个动态的发展历程，我们了解艺术需要在动态的历史时期去观看与解读。而了解艺术史是为了学会思考，对于以往作品的赏析与讨论是为了在探索创新的道路上多一种新的可能性。彼得·库克（Peter Cook）曾说："作为一名建筑师，步入画境的最好的方式或许在于根本意识不到自己在绘画。将自己瞬间意念即时汇集并草制下来，不正是一种自发行为吗？"[1]

社会的进步推动着艺术的发展与变革。欧洲中世纪后期的文艺复兴就是在社会经济快速发展下，人们的思想行为发生了巨大变化。文艺复兴时期的重要思想是以人为本的世界观，形成了与宗教神权对立的人文主义思想。那么文艺复兴到底复兴什么？罗马帝国的灭亡使意大利人意识到要重建昔日的辉煌，他们希望通过复兴古希腊、古罗马的形式来抵制中世纪基督神权的虚伪。通过对健壮身体的塑造，获得完美的艺术形态。古典主义就是对完美的追求，这种追求在文艺复兴时期达到了顶峰。这个时期的科学与艺术在发展中相辅相成，科学融入艺术中的意义不仅仅是技法上的提升，更是以人为主体的思维方式的提升，了解解剖与物象的透视关系，使艺术家能更准确地描摹客观事物，抛去事物外在的形态，学会观察事物内在的组织结构关系，对物象的认识由表及里，从而达到更深刻的理解与融会贯通。

一、线条

阿尔布雷特·丢勒（Albrecht Dürer）是北欧当时最重要的艺术家。他集精湛的技

[1] 彼得·库克.绘画：建筑的原动力[M].何守源，译.北京：电子工业出版社，2011：7.

艺与强大的智慧于一身，不但在绘画、版画、素描中有大量的作品，同时也对几何、透视以及人体解剖学进行过深入的研究，并留下了大量的笔记和著作，他同时还研究建筑学，发明了一种建筑学体系。他曾两次到访意大利，并将南方文艺复兴的思想传入北欧。丢勒力求认真地观察自然之美，并潜心研究人体形式美的比例关系，他有意地改变人体骨骼结构，试图把身体画得过长或过宽，以便发现正确的匀称性与和谐性。他的第一批研究成果之一——《亚当与夏娃》（图1-1-1）就体现了他对于美与和谐的新观念，同时他运用了不同方向的、虚实的线条来表现主题的关系。丢勒在对透视学的研究中发现，当画家画一个倾斜角度的人体和其在正常角度观察下所描绘的对象有所不同，为了能够确保画家从固定的角度上观看对象，需要在画家的面前固定一个布满网格的玻璃，通过网格看到模特身体的不同部分的坐标，再描绘到一张类似网格坐标的纸上，通过网格屏幕来帮助艺术家将三维的形象转换为一个缩短的二维构图，这就是“短缩法”（图1-1-2）。

图1-1-1　亚当与夏娃
（阿尔布雷特·丢勒，铜版画，1504年）

图1-1-2　画家在画一个躺着的女性
（阿尔布雷特·丢勒，版画，1525年）

在中世纪的艺术中，画像和雕塑只能属于神，人出现在画作中被认为是对艺术的亵渎，而丢勒在他13岁的时候画出了他人生的第一幅自画像，他是西方美术史中画自画像的第一人（图1-1-3），这也是在文艺复兴时期体现“自我的价值”的强有力的证明。为了让艺术创作不再是简单的工匠手艺，丢勒编写了大量的技法书籍，使艺术作为一种可传承、可创新的学科。他坚持认为艺术家要兼顾脑力和体力劳动这一文艺复兴的观念，这一点与同时代的列昂纳多·迪·皮耶罗·达·芬奇（Leonardo di ser Piero da Vinci）有着共同的特质，他们的目光远远超过了只关注艺术的主题，他们用绘画作为一种手段来探索周遭世界的各个方面。弗里德里希·恩格斯（Friedrich Engels）也曾高度评价过他，并把他和达·芬奇视为是需要巨人的时代所产生的巨人。[1]

线条是艺术家使用的最基本的元素。它几乎会出现在每一件艺术作品或是设计中，线条的自由组合形成了我们对世间万物的描绘。一条线可以引导我们去寻找艺术作品中艺术家希望我们注意的东西，它可以传递一种运动，可以释放一种能量，可以是一种隐藏的情感，没有线条，一幅作品似乎很难形成。

线条可以围合一个图形，也可以表示方向和运动。米开朗基罗·博那罗蒂（Michelangelo Buonarroti）的《萨尔提头像》就运用不同方向的线条来表现人物面部的骨骼与肌肉关系，交叉的调子使脸部又坚固又有深度，重复的线条表现与亮部关系的对比，将二维的平面塑造成三维的空间效果（图1-1-4）。

图1-1-3　13岁自画像
（阿尔布雷特·丢勒，1484年）

图1-1-4　萨尔提头像（米开朗基罗·博那罗蒂，纸上笔墨，1520～1530年，26.9cm×20cm，巴黎，卢浮宫）

线条的方向可以是真实存在的，也可以是含蓄隐藏的。画家经常使用隐含的线去指引观众，按照艺术家希望观者看到的顺序进行观赏。雅克·路易·大卫（Jacques-Louis David）的作品《荷拉斯兄弟之誓》（图1-1-5）的场景来自古罗马早期的历史故事，画面中的三兄弟向父亲发誓要为罗马而战。3个罗马拱门划分了画面，三兄弟伸直手臂与父亲之间形成了画面的中心，家里的女人们在画面的右侧，她们为即将失去他们而痛哭。画中没有多余的细节分散观众的注意力，带有理性训诫性的主题表现与画面右边女性的悲伤情绪形成鲜明的对比。

达·芬奇的成就早已经超过了艺术本身，他提出了科学与绘画相结合的理论，为

[1] 马可·梅内古佐．图解西方艺术史：20世纪当代艺术[M]．庄泽曦，译．北京：北京联合出版公司，2020.

图1-1-5　荷拉斯兄弟之誓（雅克·路易·大卫，布面油画，1784年，巴黎，卢浮宫）

文艺复兴以后的美学理论研究提供了一种全新的科学方法和艺术实践观。他专注于解剖学的研究，画了许多人体骨骼的图形，并留下了大量的手稿和草图。基于他的理论研究，文艺复兴时期的作品呈现出更加完美的特点，对于人物的造型，平衡稳定的构图都达到了难以越的地步（图1-1-6）。达·芬奇从不盲从未经证实的东西，他不断地探索可见世界的奥秘，为了探究人体内部的解剖结构，他亲自动手解剖尸体，同时记录他所观察到的，并据此绘制了大量关于人体骨骼和肌肉关系的速写（图1-1-7）。他在对自然的探索中寻找关于视觉认知的手段，认为艺术是个发现的过程，并在绘制的大量草图中不断地发现新的问题，并解决问题。达·芬奇在笔记中绘制了关于植物学、军事、土木工程、建筑、光学、水利等，乃至像坦克和飞行器这样大胆的构思。他的手稿大多以素描的形式完成，素描为达·芬奇提供了一种超越语言的表达方式，而这种方式恰恰是他的思考过程，是他研究分析的素材，他用最为简单的媒介在做最伟大

图1-1-6　人体比例（达·芬奇）

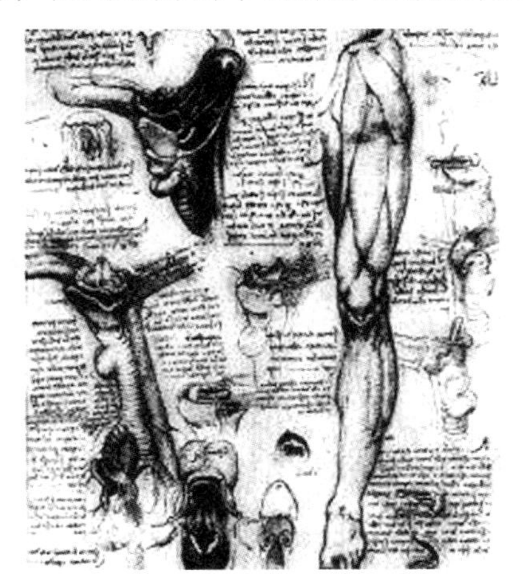

图1-1-7　解剖研究（达·芬奇，约1510年）

的研究。❶

素描是视觉传达的基础，达·芬奇用素描来观察世界，并记录了各种通过观察形成的新奇的想法和图像。作为思考本身的结果，素描能够为其他形式的作品提供丰富的素材。素描就像我们书写的文字一样，成为一种可视化表达自我的手段。

二、构图

在米兰的圣玛利亚慈悲修道院的长方形餐厅大堂中，名作《最后的晚餐》占据了一整面墙（图1-1-8、图1-1-9）。这个宗教故事从来没有那么近、那么逼真地出现在人们面前。它就像一部舞台剧一样，戏剧性地讲述着这个宗教故事。达·芬奇在画面中用4种方法来强调基督的重要位置：①在画面中运用了平行透视的构图，将天花板与桌边的透视延伸线都集中在耶稣的头上；②将耶稣放在画面的中心位置；③画面中12个门徒的动作表情都被合理而又隐喻地安排其中，犹大紧张、害怕的情绪是其他门徒没有的，而只有耶稣被描绘成稳固的三角形构图，将他平静的神态表现得淋漓尽致；④耶稣的头正好位于后面3个窗户的中间位置。除了和谐的构图和精湛的素描关系以外，达·芬奇通过洞察

图1-1-8　米兰的圣玛利亚慈悲修道院的餐厅

图1-1-9　最后的晚餐（达·芬奇，1495～1498年）

❶ 乔治·布雷．伟大的艺术家[M]．谭斯萌，李惟祎，钱卫，译．武汉：华中科技大学出版社，2019：48-49.

人们的行为和反应，利用强大的想象力将场面活灵活现地展现在我们面前。这幅作品历经3年完成，达·芬奇摒弃了既定的湿壁画方法，而采用了一种实验性的媒介，结果却不如其所料，在他生前就开始脱落，但这并没有影响作品的历史意义与价值。❶

三、透视

透视是在二维的作品中用线条创造出景深的错觉。在我们观察真实世界时，铁路的两边或是公路的两侧都会在远方交于一点，而实际上这两条线是平行的。透视的运用为作品带来了可创造的多种可能性空间关系，并可将不同视域中存在的物象重新组合，在同一画面中形成多角度透视关系。拉斐尔·圣齐奥（Raffaello Sanzio）的《雅典学院》（图1–1–10）中同时使用了一点透视和两点透视。前景的人物靠在一个物体上形成一个角度，这个角度不遵循一点透视的原理，而根据地面的透视却形成了一点透视的关系。两个透视点的运用将画面所描绘的古代先哲们的集会和谐地安置在雄伟的建筑环境中。画面中景留白，预示了两位主要人物的登场：柏拉图（Plato，左）和亚里士多德（Aristotle，右）。

图1–1–10 雅典学院（拉斐尔·圣齐奥，湿壁画，1510~1511年，梵蒂冈教皇宫签字厅）

空气透视法也常常被艺术家用来创造画面的景深。因为我们周围的空气不是完全透明的，对于我们的视线会产生一些折射，所以远处的物体在画面表现中要减弱对比，减少细节的刻画。同时在处理色彩时也要减弱纯度，制造出一种朦胧的景深效果。让·安东尼·华托（Jean–Antoine Watteau）的作品《舟发西苔岛》（图1–1–11）展现了现代世界与古典神话相撞时产生的梦幻般的画面，利用空气透视的原理，使天使在虚幻的远景中，着装优雅的人们则享受着理想化的户外环境，漫步、跳舞、听着音乐。

艺术作品提供给我们的空间表现是丰富的、具有创造性的线索，使我们将看见的

❶ 乔治·布雷. 伟大的艺术家[M]. 谭斯萌，李惟祎，钱卫，译. 武汉：华中科技大学出版社,2019: 48–49.

图1-1-11　舟发西苔岛（让・安东尼・华托，1717年）

事物和我们选择观看的方式联系在一起。艺术家从现实世界观察来增加我们感知空间的能力，在二维的空间中对线条和形状进行组织和分布，这仿佛为我们打开了一个新的想象空间，并提高了我们对艺术以及世界的认知体验。

米开朗基罗是一位对材料有独特看法的艺术家，当他看到石头的时候，就想将其中的形象从石头中解放出来。他刚开始从一面雕刻，然后再从另一面雕刻，他并不想表现某个人，因为在他看来这个人就是被困在石头中，就像奴隶们所处的境况一样，他不能驾驭自我，也不能走动，但他却拥有一个强壮的躯体，他的胸膛上下起伏，米开朗基罗赋予了他新的生命，让他有了呼吸，米开朗基罗要做的就是把他从石头中解救出来（图1-1-12）。这件作品还没有完成，米开朗基罗就赶去为西斯廷礼拜堂的拱顶画天顶画了，而这幅天顶画也被誉为是具有崇高美的宏伟壮观之作，使他一跃成为世界上伟大的艺术家之一。米开朗基罗摒弃了传统风格中端庄、平衡的画面效果，而是运用人物夸张的肌肉表现及动势，如他的好友乔尔乔・瓦萨里（Giorgio Vasari）写道："除了以最美观的比例形式和最多样化的姿态呈现人体并表达人物的各种动作，他拒绝绘制任何东西。"[1]《西斯廷礼拜堂》是米开朗基罗在罗马教皇礼拜堂的脚手架上独自创作了4年而完成的作品（图1-1-13）。普通人很难想象一个人竟然能独立完成这样宏伟的作品。整个天花板布局和谐、清晰，且每一个局部都处理得精致入微。

在文艺复兴时期，只有诗歌、戏剧和哲学才被视为真正的人文科学，绘画和雕塑只被看作手艺人做的手工活而已。乔尔乔・瓦萨里（Giorgio Vasari）是米开朗基罗的得意门生，亦是其好友，意大利文艺复兴时期的理论家，提出了"绘画与雕塑本身就是哲学、诗歌与戏剧的载体，是思想与感受的深刻表现"的观点，他认为，最伟大的艺

[1] 乔治・布雷．伟大的艺术家[M]. 谭斯萌，李惟祎，钱卫，译．武汉：华中科技大学出版社，2019：62-63.

图1-1-12　觉醒的奴隶(米开朗基罗·博那罗蒂，大理石,1519~1520年,佛罗伦萨美术学院)

图1-1-13　西斯廷礼拜堂（米开朗基罗·博那罗蒂，壁画，1510年，36.54m×13.14m，意大利，西斯廷教堂）

术家完全可以同其他闻名遐迩的知识巨匠比肩而立。也正是因为他，当今的艺术家被看作英雄一样的人物，他们出售的作品足以买下一整条街道的房屋。

四、比例

比例是艺术家在创作中首先要考虑的重要元素。古希腊人对比例尤其感兴趣，希腊数学家在视觉艺术和其他的艺术形式中研究比例，比如音乐，美和理想的比例是建立在数学的基础之上的。希腊人在比例原则上追求一种理想美，认为只有这样的比例关系才能体现神的完美。大多数希腊雕塑家的创作对象是英雄或众神，波留克列特斯（Polycleitos）发展出一种规则，用这套数学比率规则可以创造出和谐比例的人体，他给他的雕像作品一种称为对立平衡的新站姿，这是对人类平衡自己体重的模仿（图1-1-14）。希腊人用计算来绘制人体比例的方式被罗马艺术家采用，直到后来的《雅典学院》中也使用了这种比例，以确保作品中的哲人们都有理想的比例。

图1-1-14　持矛者[（罗马版本，对公元前460年的青铜原作的复制）波留克列特斯，大理石，公元前120~前50年，190cm×48cm×48cm，明尼阿波利斯艺术学院]

五、黄金分割

黄金分割是文艺复兴以来最著名的数学公式。比例为1∶1.618，这个比例在自然界中的很多物体上都有反映。将外边矩形较短的一边变为里边小矩形的长边，以此类推，其结果是形成一个优雅的螺旋形。将以这样的比例为基础的黄金分割应用于艺术作品中，可以在视觉上呈现有趣的效果（图1-1-15）。后来，人们将这种比例应用在建筑和雕塑上，通过对帕特农神庙上垂直线和水平线进行测量发现，它们一起创造了和谐的比例关系（图1-1-16）。❶

无论是在绘画作品还是设计作品中，比例的设定是影响作品其他元素的根本。它对艺术作品基本信息的传达起到了至关重要的作用。画面是否和谐，是否具有统一性，取决于作品各个部分之间的大小比例关系。

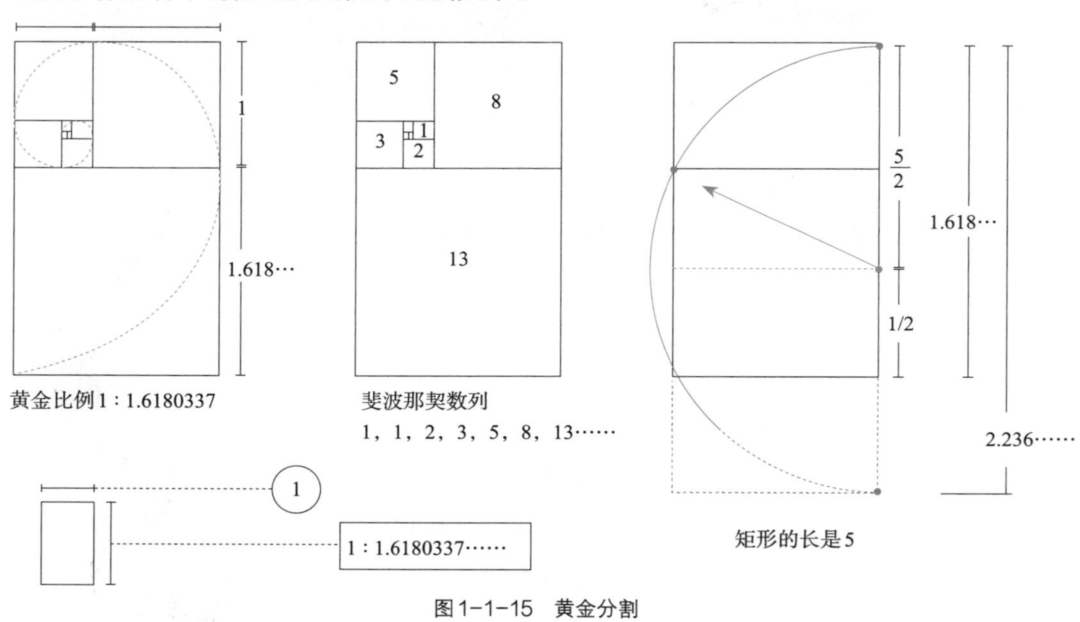

图1-1-15　黄金分割

意大利画家米开朗基罗·梅里西·达·卡拉瓦乔（Michelangelo Merisi da Caravaggio）是当时欧洲最具有影响力的艺术家。他脱离了当时主导意大利绘画的优雅而做作的矫饰主义风格，以大胆的自然主义取而代之。在他看来，不被现有规则所束缚是艺术的最高成就。他的作品《圣马太的召唤》通过明暗对比的手法来实现画面戏剧性的效果，从而营造出强烈的情感氛围（图1-1-17）。他把一场普通的聚会变成了一个重大事件，强烈的对比重点突出了耶稣的手，他指向马太，光也照出了马太，并突出了房间中其

❶ 黛布拉·德维特，拉尔夫·拉蒙，凯瑟琳·希尔兹．艺术的真相[M]. 张璞，译．北京：北京美术摄影出版社，2017：134-135.

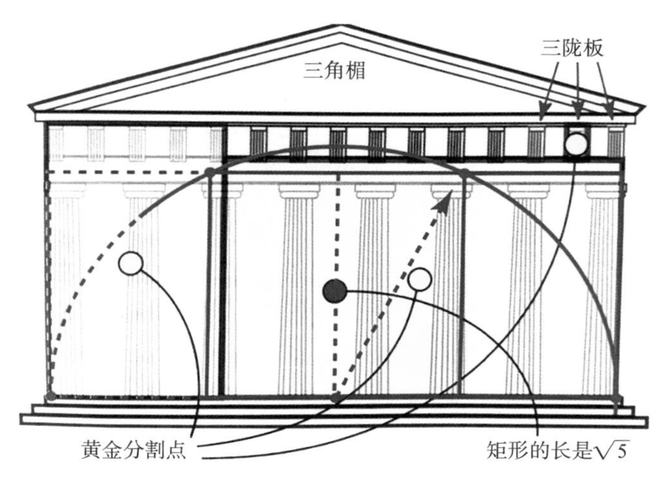

图1-1-16 用黄金分割设计的帕特农神庙

图1-1-17 圣马太的召唤（卡拉瓦乔，布面油画，1599～1600年，罗马，圣王路易堂）

他人物的表情。

明暗关系是一种利用明暗效果在二维平面中创作出三维实体幻象的方法。利用明暗关系可产生令观者可信的真实感觉，以此来调动观者的情绪，引导观者观看。

胡夫金字塔是一个在建筑设计方面利用几何形式的极好例子（图1-1-18）。几何形式是规则的，也是最容易理解和表达的，我们在绘画初级阶段都要从基本的几何形体开始。一位法国艺术家及考古学家描述了他对埃及金字塔的印象：在接近这些巨大的纪念碑时，它们的角度和倾斜形式缩减了它们的高度并使我们产生错觉……但是当我开始测量这些巨大的艺术作品时，它们则恢复了所有的巨大规模……❶

❶ 黛布拉·德维特，拉尔夫·拉蒙，凯瑟琳·希尔兹．艺术的真相[M]．张璞，译．北京：北京美术摄影出版社，2017：62.

图1-1-18　胡夫金字塔（约公元前2560年，埃及，吉萨）

金字塔在我们面前形成了视觉上的基本要素：形式、体积、空间和质感。

形式是可以触摸、可以感知的元素。一种形式的表面可以是光滑柔和的，也可以是温暖的，这种感觉来自形式的质感，通过观看即可体验质感带给我们的感受。我们还可以通过触摸去体会一件艺术作品带给我们的感官刺激。艺术家就是利用丰富的知识创造的形式唤起我们对于三维的记忆，并通过更多的方式来感受世界。

体积是一个物体占有的空间大小，一定体积的物体是对空间形态的表现。固态的物体有体积，体块暗示了物体占据的空间。建筑通常体现的是一个具有内部空间的体量，雕塑强调的是体块上的运动与变化，当艺术家利用不同的材料包围一个非封闭性空间时，他们就创造出了一个开放的体积。阿纳尔多·波莫多罗（Arnaldo Pomodoro）的作品中体现了抽象的现代性与几何形式的纯粹性，球体、圆柱体、圆锥体这些造型基本元素已经成为他挥之不去的标签。《球与球》（图1-1-19）系列通常被当成地标性纪念碑来使用，作品呈现的磨得光亮的铜球内部还隐藏着另一颗球，以及由齿轮和语言组成的楔形文字系统，他是通过对“球体”的研究来揭示藏于内部的所有复杂的架

图1-1-19　球与球（阿纳尔多·波莫多罗，1991年，纽约，联合国广场）

构关系。

体块是构成的基础，体积在画面中的位置与比例对画面都会有很大的影响，认识事物内部的体积及其与外部环境的关系是理解体量构成的重要因素。

亨利·斯宾赛·摩尔（Henry Spencer Moore）是20世纪世界最著名的雕塑大师之一，他通过对自然的观察，体会自然生命体间存在的空间形态的虚实关系。他尊重自然，认为自然中万物存在的天然形态就是天然的艺术品，并认为：“一切原始艺术最突出的特点，是它们那生气勃勃的活力。这是人民对生活直接感受的再现。”[1]所以在他的创作中，尽量保留了材料本来的质感，他宁可要求一件雕刻像一块“有生命”的石头或树干，也不要求它们完全像一个有生命的人。与同年代的艺术家相比，他以更加冷静的哲学方式去思考人类的状况。在忠于抽象的本源的同时，以生物最为简约的形态模式进行创作。他认为，在石头上凿出的第一个孔洞具有启示意义，孔洞对于造型的意义，丝毫不亚于实心的部分，他之后的许多作品都以凿洞孔穿的新方式对空间与体积进行探索。作品《斜椅的人物》（图1-1-20）的灵感来自他在“二战”期间绘制的众多民众在伦敦地下防空洞内躲避德国人轰炸的素描手稿（图1-1-21）。他通过对斜椅的人物群体之间的研究，创作了很多雕塑作品。构成作品的一系列孔洞穿透平缓起伏的实体，在某种程度上使得实体部分变成了围合空间的框架，它通过打开体块，制造分散的群组来研究各种不同的空间关系。他持续地关注具有虚实张力以及具有围合形式的雕塑作品。传统的人物造型手法必须是“完满的”，但亨利·斯宾塞·摩尔钻研了整整一个世纪的造型研究，却要将虚空的观念置入造型的手法中。他从空洞、薄壳、套叠、穿插等手法中将人物的因素大胆而自由地异化为有韵律、有节奏的空间形态，形成具有连贯性的空间关系。

正形与负形是互为依靠、互为对立的关系。我们说到正形、负形的时候，通常会

图1-1-20 斜椅的人物（亨利·斯宾塞·摩尔，榆木，1939年，底特律美术馆）

[1] 乔治·布雷.伟大的艺术家[M].谭斯萌，李惟祎，钱卫，译.武汉：华中科技大学出版社，2019：306-309.

想到画面的主体与空白之间的关系，也表现为黑白的视觉形状。空白的负形支持了主体的形态与位置。正负形的关系也通常运用到设计图形中。莫里茨·科内利斯·埃舍尔（Maurits Cornelis Escher）的《天空和水》（图1-1-22）就传递出了隐形的正负信息的关系。

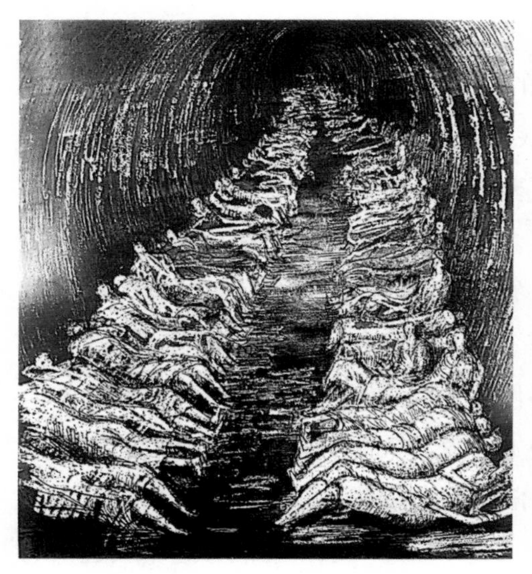

图1-1-21　利物浦大街延伸隧道
（亨利·斯宾塞·摩尔，1941年，伦敦，泰特现代美术馆）

图1-1-22　天空和水（埃舍尔，
木刻版画，1938年，荷兰，埃舍尔公司）

第二节　素描造型课程概述

无论是米开朗基罗·博那罗蒂的天顶画还是亨利·斯宾塞·摩尔的雕塑都离不开物象最基本的存在状态——造型。造型是对客观事物的外物表现，是通过对物体体量和形态的研究与分析，解决物体基本空间构造以及外部形态的主要手段。造型基础作为分析空间物体的载体，是培养空间思维意识的最有效的课程之一。通过引导学生对单一或多个物象的观察与分析，透过事物内部的空间关系与形式，解构物象、提炼语言，通过有序或无序的排序与组合，重新组织物象表达语言，建构具有独特性的逻辑分析导向。素描表现作为造型基础的一种媒介，是利用最为简单的方式达到抛去媒介以外更加直接的表现物象的途径。

针对建筑学专业的学生来讲，从零基础到有意识地创新设计，都不能逾越基础素描表现。引导学生独立观察、自主构图、深入分析、合理构建，从基础事物中探寻事物存在的基本规律，是该课程需要解决的问题。

素描造型课程是基于建筑设计专业要求的基础上，进行的课程设置。造型基础是手段，同样也是过程与思考。基础并不仅仅是技巧上的基础，更是从建筑设计的角度上构建的基础课程，我们首先要明确的就是获取知识的能力。“授人以鱼”不如“授人以渔”，学生需要的是方式方法，是学会如何表达自己思想的能力。课程作业只是作为一个载体，通过训练对知识的抽象归纳和理解能力，从而获得知识背后的力量，再去创造。

通过基础形态的课程训练，在掌握事物基本形态的基础上，建立以及确定具有一定设计理念与设计审美的雏形，获得相对准确的手、眼、脑的协调能力，从而为建筑设计方向奠定一个公共性的基础平台。

通过素描造型基础的学习，能够将现有的物象进行解析、研究，并根据其内在的组成规律，探索事物本来的存在形式，转变已固化的思维模式与方法认知。通过一系列的造型训练，让学生掌握如何去观察和思考，如何去应对接纳组织逻辑关系。通过对亨利·摩尔作品的解读，了解画面中主体与客体之间形成的“正负”形的结构关系原理。在画面的构成安排中不但要注重画面所表现的主体的位置与整体形态，更要考虑主体之外的空间形态所形成的“负”形之间的关系。造型基础中要学会运用点、线、面来表现物象之间的大小、比例、结构、空间关系等。日本设计师原研哉就对“点”有独特的见解，“当点表示一个苹果或是一个轮子，一个气球以及月亮时，‘点’是叙事的；而当它表示痕迹、水滴、石子时又是抽象的，我们运用点所产生的无限的变化，使其成为运动的符号。自然与人造、抽象与叙事、生态与技术、手工与制造，利用‘点’就完美地体现了杂糅的思想”。而我们在课程表现中就要充分地考虑到每一个构成元素的多面性，并注重对其未来作为设计元素，所呈现的可能性而做的思考与研究。

造型基础训练在建筑学的一年级课程中完成。在课程中不但要解决造型准确性的问题，更要融入对于画面表现性的思考方式，为未来课程置入做好准备。通过对点、线、面的分析与转换来探索物象存在的基本状态与多种可能性，为建筑设计造型能力的培养打下坚实的基础，逐步激发学生内在的想象力和创造力。

第三节　几何形体结构分析

一、课程分析

万物的造型都离不开最简单的几何形体，我们生活中的任何事物（人、动物、植物等）都可由几何形态抽象、概括出来。而对于最基本形体的表现与分析，恰恰能够展现学生的基础能力。通过对几何形体的观察分析与理解，确立物象形体的空间秩序关系组合，探究单体内部空间逻辑关系，以及多种几何形体之间构成的叠加、前后位置以及交接中所呈现的多维度的组织逻辑关系。每一种组合的方式一定是具有独特性的，不同的组合造就了不同的空间关系，同样引发不同角度的思考与表现方式。依托传统的结构素描的表现方法，在课程训练中建立起学生的独立思考与构图组织能力。

所有物体最本质的形态为基本的几何形体。通过对基本几何形体的结构分析，掌握几何形体外部（轮廓）与内部（结构）的空间逻辑关系，通过对物体大小、比例、距离的观察与判定，合理安排画面的构图，进而积极有效地组织画面，并掌握物象透视的基本规律。课程要求学生对画面有主动的、合理的构图意识，利用物体的透视关系，准确描绘几何物象的形体关系以及空间逻辑关系（当然，在空间逻辑关系的布置上可以打破传统的“前重后轻”的表现方法，根据自己的逻辑顺序来组织画面）；利用线条的强弱、粗细变化表现几何形体所处的空间透视关系。造型是设计的最基本的语言形态之一，准确地建构立体形态与空间形态关系，是建筑设计学科的基础要求。

区别于以往的结构素描的知识构建体系，利用正负形来组织空间结构关系，表现事物形态的基本特征，形成具有创新性的思维导向。掌握一点透视、成角透视以及散点透视下事物内部的基本规律，并应用于物象的观察与实践分析中。学会对相对复杂体量的物象进行聚合、分解、平衡、提炼、表达、整合和评价，最后形成物象创新体验。

此课程的设计将为建筑设计方向奠定一个共有性、引导性的设计感知平台。虽然在作品的呈现上与传统结构素描略有类似，但是课程构建的过程以及建构理念与思考方式上都有很大的改变。造型语言是一个抽象的概念，每个人都具有传递语言的能力，在掌握物象基本形态的基础上，初步建立设计理念、设计审美，通过实践性的思维引导达到与设计相通的目的。

二、实例分析

1. 观察方法

观察的方式与方法可以有很多种，不同的观察方法，会带给画面不同的视觉感受。课程中，我们一直强调学生要学会如何去观察物体，透过物体表象形式探索其内在的结构关联性，利用外在的形式来表现内在的关系，从而更主观地将物象表达出来。该作品将客观物象做了平面空间以外空间关系的探索，通过线条的延伸来引导观者，不局限在一个相对单一的平面空间中，而是有意创造了第三层空间。虽然在画面的处理上略显简单，但已经有了主观分析意识与空间概念的表达。观察在于引导，形成具有多维度的空间关系是一种全新的视觉感受，同时也拓展了学生对建筑空间可延性的研究与分析（图1-3-1）。

2.形体关系

形体关系可以表现为物象与物象之间的关系，也可以表现为一个物象内部所呈现的关系。在建筑学专业一年的基础素描中，通常利用物象之间的形状来表现物体之间的形体以及大小、比例关系。除了物体的轮廓以外，更加强调物体内在的透视性、结构性。利用结构或者透视线来表现物体获得具象表现力。结构线是对物体形态的分析，分析的多少取决于对物象理解的深度，当多个物体并置时，就需要根据画面的构图与节奏来分析物体内部的结构关系。合理安排构图，主观地、有意识地处理复杂物象的构成关系有利于对建筑与规划设计中空间设计的表现与安排。这幅作品对每一个物体都进行了细致的分析与解读，通过透视线（结构线）的疏密将画面进行了有序处理，画面做到张弛有度且组织合理（图1-3-2）。

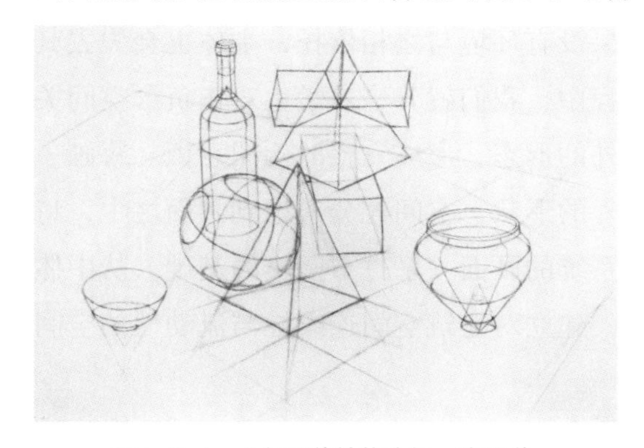

图1-3-1 几何形体结构分析 陈思琪

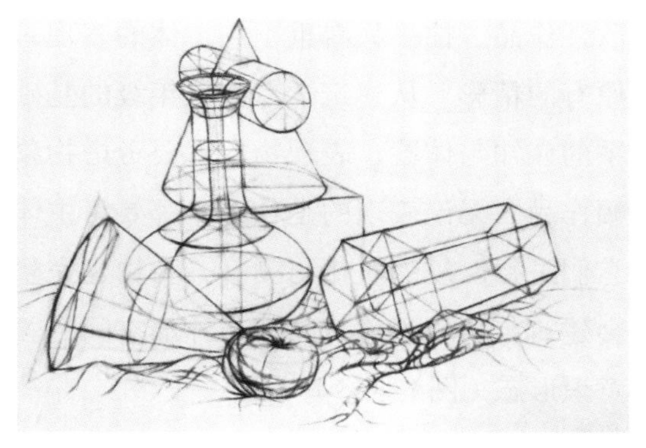

图1-3-2 几何形体结构分析 孙婉滢

3.透视表现

透过现象看本质，通过对物象表面的观察，形成对物象空间建构的理解与想象，塑造并表现出物体内在的透视结构关系。利用透视的眼睛去观察物象，不但可以更准确、全面的塑造物体，而且能够使学生养成对物体在空间中体积以及位置准确判断的良好习惯，建立相对准确的空间形态意识。透视表现的练习可以增强在建筑设计中对于空间尺度的体验与感知。下面2组作品通过对基本几何形体的分析，利用其自身存在的结构透视关系，再现其所呈现的内外逻辑组合。通过个性观察，以线条疏密组织、构成画面。每一位学生对于物象的分析都有自我独特的理解，线条的轻重、粗细、比例、疏密都会影响画面最终的表现效果。最后作品的呈现体现了观察与分析、塑造与表现的心路历程，从而实现构建和谐统一的画面关系（图1-3-3、图1-3-4）。

图1-3-3　几何形体结构分析　贾英杰

图1-3-4　几何形体结构分析　吴颖怡

4.正负形

正形与负形的统一，构建了我们所观看到的画面。任何作品，无论是在平面中，还是在空间中，都离不开主体与环境之间的联系。就像红花需要绿叶来衬托，动听的歌声需要乐器的伴奏，再好的建筑设计也需要依托其周边的环境与文化的传承。我们欣赏作品，往往只看重了它主体的表现，如果没有环境与之相依托，主体也会失去其原有的精彩。从建筑学专业一年级的基础课程中，我们就要培养学生对正负形空间关系的认知与体验，表现物象就要考虑物象以外的形态，形成完整的构图意识。每画一幅作品，无论表现的是什么，都要将主体以外的形状、空间充分考虑到画面之中，将它们进行反复的对比与测量，为构建完整而系统的画面关系打下坚实的基础。从中体会建筑与环境，建筑内部与外部空间的关系，建立对建筑空间连续性与流动性的空间意识形态（图1-3-5）。

图1-3-5　几何形体结构分析　周雨帆

第四节 素描空间表现与秩序

在建筑学的基础课程中，需要学生了解空间形态存在的合理性与独特性。基于了解、掌握物象透视形体关系的基础上，塑造物象在空间中存在的形态关系，利用光影、质感、肌理等综合因素的表现，达到具有一定空间秩序的物象组织关系。世界万物的构成依靠基本的几何形体来表现，我们对于学生的训练就是从最基本的形体关系开始，从几何形态到较为复杂的静物形态。将所有表现的静置物体都可以当作微观的建筑实体来看待，将有限的静物台看作一块已知的场地，而我们需要做的就是在这块场地上构建不同形态的建筑单体及其组合关系。思考每一个静物单体以及不同质感、不同大小、不同表现力的静物组合之间所呈现的物象关系，以及与周边环境（这里的环境是指画面的主体物象与留白空间形成的正负形关系）所形成的整体的和谐关系。物象的空间表现不仅需要黑、白、灰关系的再现，同样也需要光的体现。认识光对物体的影响以及光影关系下物象所呈现的本质关系，懂得光影关系的基本规律，利用线条呈现对物体的描绘，控制画面的虚实关系，合理、有主观性地设计构图。

利用线条表现光影与空间关系，处理好物象的空间比例关系，以及空间表现与整体控制的黑、白、灰关系。透过物象本来的面目，较为深入地研究与刻画物象的形体、透视、比例之间的关系，通过不断地观察与研究，了解光线对物体所产生的影响以及发生的空间变化，客观表现物象呈现出来的真实的存在状态的同时，加以主观性地选取与合理的构图安排，主观能动地观察物象的能力与思维方式。此课程一共需要完成2张作业，最开始的时候，静物的摆放、场景的布置由老师来完成。选取静物时，由学生自己去静物室挑选静物单体（将对于物象形体第一印象的观察留给学生们，并使其自主选择）。在摆放静物的过程中，老师要说明自己摆放的意图与想法，如物体之间的大小比例关系的摆放、物体颜色之间的搭配（虽然是素描单色训练，但不能忽略物体本身所呈现的色彩下的黑、白、灰关系，且要作详细的阐述），物象之间尽量拉开实体空间距离，使其在有限的平面空间中具有相对的节奏与韵律感，锻炼学生的审美情趣与准确的观察力。

课程要求学生创作的整幅作品构图完整，能够比较准确地表现物体空间比例以及形体关系，学会控制整幅画面的黑、白、灰关系，使画面具有一定的节奏关系变化，虚实处理有度，主观取舍画面为整体构图服务，有着力刻画点。

在课程的设置中，最重要的是要在构图与绘画的过程中时刻注意到正负形体的关系。我们去表现一个或是多个物象的组合，并不只是将你所要表现的物象安排在画面中，而是要让主体与画面的空白空间形成具有一定逻辑与秩序的关系，然后将其呈现出来。我们将亨利·摩尔运用的空间关系引入该课程中，从画面的组织结构中寻找画面主体内外关系变化，从整体着眼，养成好的观察习惯，从整体到局部，再从局部到整体，通观全局并能做到局部深入的表现程度。光有很多种类，从自然光到人工光，体验一天中光线变化对物体的影响。不同的时间下，由于光照与影子所形成的不同比例的关系也会造成对于物体实际感受的改变。对于建筑设计专业的学生来讲，注重光的变化才能深切体会建筑作为设计主体与所在环境和谐共生的重要性。

1.构图

构图在绘画作品中起着非常重要的作用，它不仅决定着画面的构成效果，同时也影响着观者对画面的直观视觉感受。将多个物体合理有序地安排在同一个画面中，这是在构成平面绘画中需要达到的基本要求。可以主观地改变物体的位置，但同时又要考虑到每个物体之间的空间关系、比例关系以及周围环境对物体产生的影响。在全因素素描表现中需要利用黑、白、灰的关系来完成对物体体积以及空间的塑造。

近年来，随着学生整体综合素质的提高，课程作业的难度逐步加大，课程表现种类呈现更加多样化、常态化的特点，延展了学生自主选择的空间，建立主观构图意识。静物室里的静物由学生自己选择，随意摆放在静物台上，再由他们在众多烦杂的静物中挑选自己感兴趣的物体，组织和调配物象，确立它们在画面中的位置与相互关系，定好构图，从而实现对画面节奏关系的控制以及完整的画面表现（图1-4-1）。

图1-4-1　素描空间表现与秩序　陈思琪

构图的把握对于建筑学专业的学生来说是重点也是难点。因为，构成画面之前，他们往往只考虑主体的位置与大小，忽视了“负形”空间的建立。而建筑空间的构成要素恰恰就需要考虑到每一个单体空间以及它们之间形成的可以渗透、重叠、流动的空间关系。

2. 光影

光影表现是全因素素描的主要表现形式，我们通过光影关系来完成对物象的客观塑造。物象的表现离不开光，根据不同的光线，物体会呈现不一样的光影效果。在室内写生中，我们采用的是自然光和人工光两种形式：人工光因为直接照射物体，所以会产生比较强烈的明暗关系且容易塑造；利用自然光线来表现物体，物体表面形成的是漫反射的光源，物体的明暗关系较弱，且不容易塑造。这是一幅在相对逆光下完成的作业。逆光对于物象的表现是有很大难度的，因为画面中会出现大面积的暗部，在暗部中表现物体的体积与质感，需要扎实的素描基本功。图1-4-2作品的作者巧妙地削弱物体暗部的表现力，利用顶光偏逆光的光源来表现所刻画的物象，画面中对物体质感的表现丰富且统一、含蓄且富有变化，使光与影、形态与构成合理有序地构建在画面中。

图1-4-2 素描空间表现与秩序 吕沐容

图1-4-3表现的是顺光下物象呈现的状态。顺光下的物体与逆光下表现物体的难度是相当的，因为光线在物体上不能形成明显的光影关系，但顺光下，我们利用人的趋光性的感受，会有意地探求到画面之后的空间中。这幅作品所有的投影都在物体的后面，我们抛去光影下形成的视觉感受，转而向物体之后的空间中去寻找一种新的视觉体验。

绘画与建筑设计都需要用心体会与巧妙构思，善于发现与利用原本不利的因素，将其变为有利的优势，从而达到设计的最终目的。

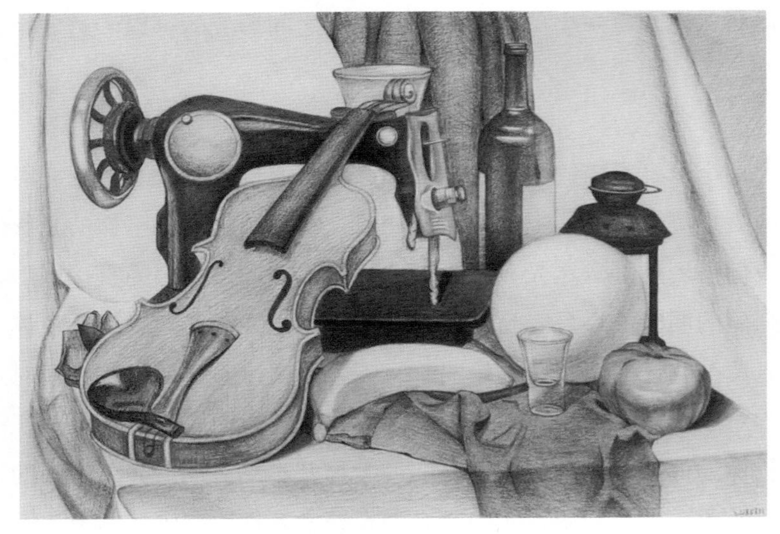

图1-4-3　素描空间表现与秩序　史景瑶

建筑中，对光的追寻一直没有停止过，光赋予了建筑空间无限的生命力，使其具有更强的可塑性。轻巧的栏杆、连廊的立柱、细分的窗棂，不同形态的线条在光影的作用下都可以激发我们对于建筑不同的情感体验。作为建筑设计师来说，能够运用光的明暗对比引导人在空间中的活动意向就起着重要的作用。西班牙建筑师圣地亚哥·卡拉特拉瓦设计的多伦多购物中心，复杂的钢结构支柱与顶棚肋架在阳光的照射下展现出异常的美感。

3.质感

质感是对物体所具有的性质、属性的客观表现。不同质感的物体有不同的处理方式，对质感的把握，有利于了解不同材料的物体带给人不同的心里感受。设计服务于人，满足作为自然人的心里感知。当你面对一块铁板或一块木头时，心里就会产生变化，从而也会影响我们的行为。这幅作业的表现，在一年级的素描作业中是很少见的，作者对于物体的处理细致得体，特别是对天平秤表盘质感的处理，写实性强，有力的线条使整幅画面自带吸入感，对每一个物体的塑造简洁到位，不拖泥带水，表现性强（图1-4-4）。

图1-4-5对于物体质感的塑造，精致且细腻。无论是陶罐、瓷瓶，还是后面的玻璃制品，都能恰到好处地表现出来。原本光滑且显得冰冷的罐体被表现细腻的衬布所衬托，将整幅画面和谐统一的融合在一起。

在建筑空间中，通过对材料纹理、光泽、肌理等体现出的透明、精细、粗糙引发

图1-4-4 素描空间表现与秩序 林嗣添

图1-4-5 素描空间表现与秩序 史景瑶

对人的情感的体验，形成不同的空间氛围，就会造成包括视觉、触觉等在内的综合感官的影响。

4.节奏

文学、音乐、建筑、艺术都离不开内在形式以及节奏的表达。在建筑美术的课程中，我们时刻提醒学生，在形式中隐藏的画面节奏以及物体之间的节奏关系。餐桌上摆放的不同形状的餐具、学习桌上的用品，以及所观察的任何事物，看似普通的物体，只要有意识地去表现，都会发现其建立起来的节奏关系。这幅作品，其实存在很多的问题，但是，唯独对于绳子的处理却显得生动得体，绳子作为无规则可寻的物象，无论是它的体积还是基本形态，表现起来都有很大的难度。虽然作品中很多细节都没有呈现，但是作者将绳子在自然状态下所呈现的真实状态，表现得生动有趣，每股细绳之间的疏密关系，变化丰富，节奏感强，提升了作品的表现力（图1–4–6）。

图1–4–6　素描空间表现与秩序　陈雨童

节奏是一种感知，它可以是视觉、听觉、触觉对物象的自我感受。它是作用在神经系统下的对于建筑空间体验的情绪。点、线、面、结构、光影、色彩、材料都可以改变我们对空间平面节奏的体验感，形成不同的心理感受。

5. 空间

空间是物质的广延性和伸张性，是一切物质系统中各个要素共存和相互作用的结果。空间具有逻辑性和真实性，同时也具有感性和主观性的特点。绘画中有具象空间、表现空间等，建筑中有体验空间、感受空间等。具象空间的表现是利用虚实、强弱、大小等关键要素来体现。近处物体的对比关系处理要强，而远处的物体则有意要虚化处理，以此来实现画面的空间表现。人眼在观察物体时，是在正常视距范围内所有的物体进行对焦，而我们的绘画作品却要进行主观处理，以此来实现物体的空间存在关系。这组作品所有的物体在桌面上有着明显的空间关系，且作者在有限的范围内将每个物体都合理且有节奏的安排在画面中（图1–4–7）。

图1–4–8中的静物物体质感丰富，且透视角度大。该作品的作者能够有效地利用其存在的大透视关系，将画面的空间做了比较大的延伸，强调了对空间关系的表现力，在对物象的质感表现上也做了较为深入地研究与刻画。

建筑是由多个空间组合而成，人的运动轨迹营造了建筑空间，使空间具有了时间的维度，从而感受空间构成的变化。不同的空间组合形式能够给人不同的心理感受，有变化的空间组合就会给人轻松、自由的感觉，而过于呆板的组合则会使人形成规律

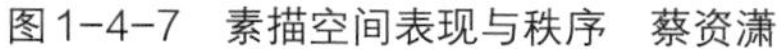

图1-4-7 素描空间表现与秩序 蔡资潇

图1-4-8 素描空间表现与秩序 张诗淼

性的行为轨迹。

6.表现

表现本身就带有主观的色彩，表现方式的不同会带给画面千差万别的感受。每个人对事物都有自己的感受，就像对待同一件事情，不同的人有不同的处理方式一样。课程中我们鼓励学生们用自我的观察方式来表现独特的画面效果。

图1-4-9作品的作者在表现手法上，有一种很特殊的解构主义的绘画特点。画面的衬布并没有感觉很突兀，对于物象的处理呈现统一的视觉元素，语言特点突出，形式感强，有着自我独特的素描语言表现力。

图1-4-9 素描空间表现与秩序 顾瑛楠

图1-4-10的作品也很有独特的表现风格。画面中构图比较紧凑，每个物体合理有序的顺着隐匿在语言中的节奏关系互相依托着。物体表现轻松且有深度，使观者跟随着每个物体之间的轮廓游走于整幅画面中。

图1-4-10　素描空间表现与秩序　唐旭涵

每一位建筑大师都有着自己的风格，柯布西耶就善于运用线条的变化来表现建筑，而安藤忠雄的光教堂，则形成了一个独特的视觉语言符号。

第二章 色彩认知训练

课程名称： 色彩认知训练

课程内容： 色彩认知表现

课程时间： 64课时

课程介绍： 色彩的认知训练不仅是技能练习，更是对视觉与语言、色彩与心理，以及对人的行为变化所产生的影响进行分析与训练的课程之一。是审美素养提升最直接的方法与手段。在光线下呈现自我独特的色彩感知，将色彩与环境、色彩与心理、色彩与视觉所产生的微妙变化进行梳理调配，从而建立良好的色调协调能力。在未来的行业设计中，坚持以人为本的设计理念，将心理学、行为学、色彩学以及符号学等多方面相结合，建立社会服务价值体系，真正做到学以致用。

第一节　经典作品解读

每一次的社会变革都将艺术发展推向新方向。欧洲工业化的进程促成了摄影技术的诞生。摄影对于物象真实再现的能力使得艺术家们开始思考图形绘画的意义所在。前卫艺术的观念形成使一个新的浪潮被推倒在保守的公众面前，社会的每一次变革、艺术的每一次创新都是在这反叛的逆潮中相向而行。任何一种新艺术形式的出现，随着时间的流逝，都将经历被慢慢地接受，成为一种习惯，然后继续发展，最后转化为欣赏的过程，这是历史发展的必然。印象派的出现是艺术史发展中的第一次革命。虽然我们提到印象派第一个想到的是莫奈，但是作为印象派的早期代表性画家爱德华·马奈（Édouard Manet），彻底改变了数百年来风俗画的规则。他将古典的、田园式的题材转译成了当代的表达。《草地上的午餐》（图2-1-1）彻底改变了绘画的方式。画中裸女的表现改变了以往人们对于裸女纯洁、超凡脱俗的塑造，而是将其塑造为在现实生活中能够找到原型的风尘女子，同时摒弃了以往在室内固定光源下绘制的具有明显体积关系的绘画技法，而是将人物处在自然光线的散光下，并且把人物加以剪影似地处理而不是作为实在的体积来塑造，这就倾向于瓦解空间、压平块面，从而肯定画布作为二维平面的本质。马奈对光和色彩的处理开启了一个新方向，他追求的是更加纯粹的光影效果以及画面的戏剧性。马奈采用了新的技术和来自当代生活的主题来融合他的传统绘画，同时也概括出了一个现代画家的概念。

马奈弱化了客观物象的细节与轮廓，用大面积的鲜艳颜色来营造画面，这点对于后来的印象派产生了非常大的影响。

奥斯卡-克劳德·莫奈（Oscar-Claude Monet）对户外写生产生了浓厚的兴趣，他认为人们对于物象的第一印象非常重要，并善于捕捉这种瞬间即逝的光影关系的变化。在画面中他运用颜色来区分物体之间的形状和边界。《日出·印象》就是打破了形的束缚，给未来艺术提出了一个新的思考方向（图2-1-2）。作品的题目是为了传达他在勒阿弗尔港的水面

图2-1-1　草地上的午餐（爱德华·马奈，布面油彩，1863年，巴黎，奥赛博物馆）

图2-1-2　日出·印象（克劳德·莫奈，布面油彩，马蒙坦美术馆）

上捕捉光影的效果，只有寥寥几笔表现的大海，背景中有阳光的发散和小船，这的确只是印象。瑞士美术史学家海因里希·沃尔夫林（Heinrich Wolfflin）认为莫奈将原有的绘画“触觉原则”转变为“视觉原则”，在无法触摸辨认的物象边缘可以通过色彩来辨认。❶

色彩是艺术和设计中最生动的元素。就其本质而言，色彩能够吸引我们的注意力，激发我们的情感。人的情绪和性格可以通过色彩来感知。古希腊哲学家认为颜色不是一种物质状态，而是一种精神状态。一个物体的颜色是由它反射的光的波长所决定的。生物学家解释说这种反射光会通过神经信号传达给大脑，让我们理解为色彩。

色彩的三原色是红、黄、蓝，邻近颜色的混合形成间色，间色与对应的原色形成

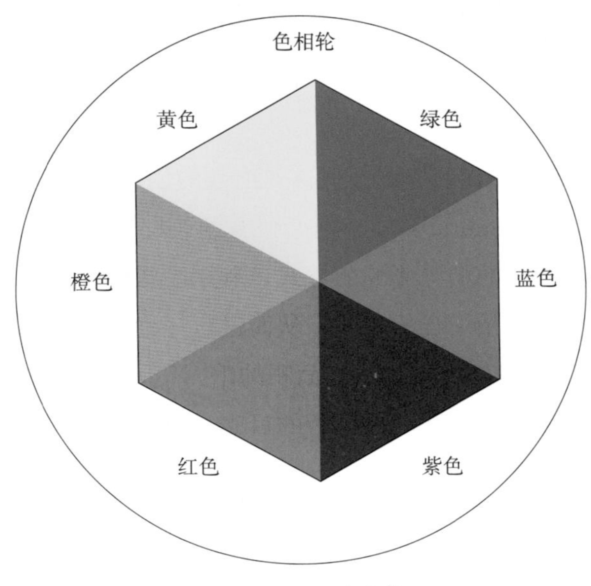

图2-1-3　色相轮

❶ 乔治·布雷．伟大的艺术家[M]．谭斯萌，李惟祎，钱卫，译．武汉：华中科技大学出版社，2019：239−241.

补色的关系（图2-1-3）。颜色的混合是越混越暗，光的混合是越混越亮。

色彩有三种属性：色相、明度、纯度。通过对这3个属性的控制，可以实现丰富的色彩视觉效果。色相是区别其他颜色的基本属性，也是组成画面的重要因素。明度是指颜色具有的相对明暗程度，一种颜色会有不同的明度，浅的颜色属于高明度，暗的颜色则属于低明度。纯度也可以被称为饱和度，没有经过混合的颜色，更加接近原色的颜色，就属于高纯度颜色。因此，一个看似柔和的颜色，无论它的明度如何，它都属于低纯度颜色。美国画家巴尼特·纽曼（Barnett Newman）《英勇而崇高的人》（图2-1-4）就是依靠色彩明度和纯度的视觉影像创作而成的。窄条的垂直线分割了色彩，纽曼称其为“拉链”，它是一面彩色画布，也是一个巨大的色块，把整个红色色块分割为红色的平面。白色的拉链形成缝隙，而褐色的拉链与红色调产生了微妙的变化，看似画面的每一个部分都产生了发光的感觉。他希望观者能近距离地观看他的作品，仿佛被整个色彩吞噬，而中间宽阔的区域表明了纽曼认为的关于人类完美理想的视觉方式。艺术家并不在意色彩所承载的概念，而是要切实地制作、创造并潜入色彩

图2-1-4　英勇而崇高的人（巴尼特·纽曼，布面油彩，1950～1951年，纽约现代艺术博物馆）

之中，对他而言，只有能被双臂环抱的空间才是有趣的创作对象。

乔治·修拉（Georges Seurat）早年迷恋色彩组合的理论和基本原理。他思考当色彩并置时色块之间所产生的相互影响的方式。利用图像空间的概念，以及传统的透视关系，去探索色彩与光线相结合的方式，从而进行一种更加客观、更加科学的研究。《大碗岛的星期天下午》（图2-1-5）中，大面积的阳光和阴影对照的区域，由上千个细微而有序排列的互补色点组成，从而将观者的目光一点点地带入画面的远方，他利用人物的抽象化图式以及戏剧性的描绘将观者带入了他创造的这个“休闲的社会”中。

1.光的色彩

有时候我们的大脑会接收到很多的信息，但我们需要对这些信息进行分析、简化。依靠光学效应（光混合后的图像效果）来创建场景，是当时的艺术家对于视觉感知的科学性研究的重要成果。

文森特·威廉·梵高（Vincent Willem van Gogh）似乎是每个人都熟悉的名字，但

图2-1-5 大碗岛的星期天下午（乔治·修拉，布面油彩，1884～1886年，芝加哥艺术博物馆）

他却好像离我们很远。我们之所以感觉他离我们很远就是因为他的作品不符合我们现有的审美标准和观念。如果说莫奈的《睡莲》还能让我们感觉到光影之间微妙变化的关系，那么梵高画的又是什么？没错，他画的是他的内心情感。他对艺术新的探索和实验，推进了文明的进程与发展，他对待传统的态度就是我们今天所说的“现代性”。梵高若是活到今天仍然这么画，那么他也会成为今天的传统艺术（图2-1-6）。

图2-1-6 星夜（文森特·梵高，布面油彩，1889年，现代艺术博物馆）

2. 色彩的心理

色彩可以改变我们的心理，影响我们的思维方式和对世界的反应。色彩可以表达丰富的情感，比如，红色可以传达热情、愤怒的感情，也可以唤起焦虑并具有攻击性；绿色象征着生命，产生宁静的感觉；而黄色则会给人以紧张、警惕的心理暗示等。色彩大多会传递很多不确定信息，同样使我们的心理感知遇到更大的挑战，所以，对于艺术家来说，想要自由地控制色彩，就必须充分了解色彩的颜色属性。

亨利·马蒂斯（Henri Matisse）印象派尽管在技法与题材上与传统艺术有着明显的区别，但不管怎么样，我们还能从画面中辨认出艺术家画的是什么。进入20世纪以来，工业化的进程加快，推动着不同领域进行着创新和实验，激进的艺术家们也追随着工业和科学领域的人物尝试着极端新颖的风格。原创性在18世纪以来就已经成为衡量进步艺术家审美的重要标尺。如何在创新与传统之间保持平衡也成了20世纪初期艺术家的关注点。马蒂斯作为野兽主义的领军人物，将色彩从描绘外在的现实角色中解放出来，通过充分利用颜色的纯度来充分地发挥媒材的作用，可以直接表达艺术家对现实的体验能力。在实践中野兽主义将绘画当作一种自在的创造来理解，它不再以服务任何趋势或是象征为目的。他们利用直接从颜料管中挤出的颜色去作画，但不是为了描绘自然景物，而是为了造成视觉上的震撼感，为了建构与所有以往艺术迥然有别的新的图画价值观。《红色的和谐》（图2-1-7）中马蒂斯运用了在色相环中对比最为强烈的一对互补色来完成。室内的空间由单一未经调和的红色来界定，消除了桌子在空间中的进深感，模糊性地延伸到窗外的场景，并将屋外的景色利用更加抽象的手法来表现，他使用色彩和线条创造了一种新的真实可知的图像空间世界。马蒂斯利用最简单纯粹的线条和色彩，让艺术回归到最原始的状态。

图2-1-7　红色的和谐（亨利·马蒂斯，布面油彩，1908年，艾尔米塔什博物馆）

3. 互补色

互补色是色相轮上相对的颜色。互补色的对比关系是色相轮上最为强烈的关系。当两种互补色并置时，它们会制造出独特的视觉效果，彼此加强；当互补色进行混合时，就会产生灰色，它们往往会冲淡彼此。

第二节　课程概述

色彩是存在于我们生产与生活中的一种视觉现象。色彩是人脑识别反射光的强弱和不同波长所产生的差异的感觉，它是和形状一样的基本视觉反应之一。当物体被光照射后，反射光被人脑所接受，从而形成人脑对色彩的认识。色彩离不开光，没有光就没有色彩。色彩认知训练是对学生的色彩感知能力与配色能力的培养，我们在了解、掌握色彩基本原理的基础上，能够主观感受色彩，不同的色彩带给我们不同的心理暗示与感受，运用色彩的固有特点，灵活将色彩运用到实际的设计中，使色彩与空间、色彩与建筑、色彩与自然形成具有特色的搭配体系。

色彩训练不仅是一种技能的练习，也是对视觉美感的培养，是对色彩与文化修养的提升，我们以写生为主要授课方式，通过对客观事物的直观观察，培养学生对于环境、对于物象的综合性理解。以考察作为指导思想，注重色彩的色调统一，以便学生适应专业要求的特点，能够转化应用。对于自然中色彩呈现的不断变化的规律，以及在光的条件下对于色彩的认识，要依靠写生来实现，从复杂的现象中发现基本规律，结合对于自然和生活的认识进行。在写生的过程中，存在着对客观物象身临其境的感知力，以及周边环境随着光线的变化所产生的物象对于绘画者心境的影响。这种具有复杂和丰富性的组合，所产生的变化可使我们得到更好的锻炼，与物象的内在色彩关系达到和谐与统一，保留个人的色彩感受与灵感的同时，提升自我色彩感知的能力。

色彩有感性与理性的一面，掌握理论上的色彩知识的同时，要善于引导学生们对色彩感性的认识。变化的课堂就是要对不同的学生因利引导，挖掘每一个人色彩感知的能动性，要做到同一组静物、每一个同学都有不同的色彩差别。同一种颜色，由于观看的角度不同，心理暗示的变化，都会产生不同的色彩表现力。

基于对建筑学应用色彩的感知，建立一系列的色彩理论体系。了解并能熟练应用色彩的3个基本属性，通过不断地混合色彩达到对色彩的认知要求。

面对一组具有复杂色彩关系的静物，能够主观处理好整体的画面关系，每一个物象之间建立起相互的色彩联系，并且有意识地处理画面的冷暖色调，这是本节课程需要达到的最主要的教学目的。通过对色彩的训练，建立以下几个关于色彩的认知：

（1）色彩的混合。将不同的色彩进行混合，根据不同量的反复调配来获得我们需要的色彩。在色彩模糊化的过程中，反复观察所有表现的对象，再不断地加入你认为的色彩，从而通过色彩关系将物象建立起来。

（2）色彩的节奏。色彩的节奏和画面的整体节奏息息相关，每一块色彩的明度、纯度、色相的布置，面积的大小，都影响着画面的整体关系。要在画之前预设好你对画面的心理感受，依据这种感受达到控制画面的目的。

（3）色彩的空间。色彩不仅可以用来区分物体之间的边界，色彩也可以表现空间关系。利用色彩的冷暖、色彩的对比、色彩的面积来构建色彩空间关系。色彩的空间也是通过人的心理感受获得的。在画面表现中，冷的颜色给人一种后退的感觉，相反，暖色系就给人一种前进的感受；同样，色彩之间对比越强，在空间上越靠前，反之亦然；同色系在画面中所占的比例大小，将决定整幅作品的色调关系（图2-2-1）。

图2-2-1　色彩对比关系

教学中的色彩静物课程，通常在有天窗的室内进行，难度会逐渐增加。第一张作业从挑选静物，到静物的摆放，一般都由老师来完成，这个阶段的课程要求与造型基础很相似。而后两张作业则由学生自己选择绘画的静物。老师要简单地介绍关于绘画色彩的观察方法、构图，以及如何统一色调，从起稿，铺大色，整理深入材料的运用，老师都要逐一加以示范讲解。在摆放色彩静物的过程中，要特别强调需要注意的问题：整体色调的控制；节奏关系的把握；色彩冷暖关系的对比；复杂与简单的对比；补色关系的映衬；不同材质的组合等。还要照顾不同角度的构图，视角好的景物构图，有利于调动学生绘画的积极性，达到更理想的教学效果。在动笔之前，先要讲解一下对于这张静物的教学要求，如学生摆放静物时的想法和思路，静物的难点，作画的步骤等。要形成正确的观察方法，就要在观察中时刻去比较作画，这就要求学生关注一个物体时要兼顾其他物体与所观察物体形成的呼应关系。在不同的部分中比较色彩关系。观察是表达的第一步，色彩的三要素中，明度就是素描的关系，引导自然界中产生的光线变化，因为在室内的光线是自然光，所以受光部分的色彩偏冷，相反，暗部就会在对比下偏暖。色彩教学是一门视觉实践课程，有时候很难用语言来表达内心的真正感受，所以适当地修改学生的画面，会更加具有说服力，学生可以通过教师的示范，明白方式与要求。作为教师要明确教学主旨，适当的讲评可以整体修正问题所在。

（1）色彩认知课程是在完成了素描空间表现之后的课程训练。该课程要求学生在掌握基本的色彩关系的同时，了解色彩的属性、色彩要素，以及色彩在光的影响下所产生的变化，并能够通过主观地观察，描绘属于自己的色彩关系。

（2）静物色彩表现需要控制好画面的整体色调关系，这一点也是最主要的训练要求。面临较为复杂且有多种颜色的不同的静物，学生需要思考该如何通过自我的色彩感知，使画面达到既有统一的色调又不失多种色彩关系的变化。

（3）色彩表现是建筑色彩训练的最主要的训练途径。在不同的物象所呈现的色彩关系中，我们需要主观处理色彩的整体色调关系，要求学生在一定的空间中利用色彩的冷暖呈现出来。主观处理物体色彩的明度、纯度来协调画面的整体关系。

第三节　色彩认知表现

一、课程分析

色彩是视觉感知的基础，我们需要了解色彩，懂得利用色彩，造型基础课程是学习美术课的基础，依据简单的几何形体，形成的具有一定秩序性的空间关系组合。通过对于不同形状的物体的分析，寻找其内部的结构关系，达到对事物理解与概括的目的。

每个人都有自己的色彩观，自然万物也都有它的情感，呈现不同的色彩。山川、湖泊、阳光、空气、水，世间万物在阳光下孕育生长。认识色彩，首先要认识光，有光才能产生色彩。太阳光照在物体上，物体本身吸收一部分光，另一部分反射出的色光进入我们的眼睛，此时，我们便能看到物体。其实人类可见的自然光是很少的一部分，我们透过眼、脑对光产生的视觉效应才被称为色彩。没有颜色的混合和色彩的表现，就没有所谓的色彩关系。而色彩学研究的便是如何使你看到的物体表面产生的色彩达到和谐统一的关系，当你看到红色东西时，其实你的余光都在补充大量的绿色作为平衡，视距具有调整色彩冷暖的能力，失去了冷暖关系，色彩的意义也就不存在了。冷暖关系是学习色彩关系的主要内容，光生成色彩，环境使色彩产生对比，我们需要在绘画的过程中处理好在统一中寻找对比，在对比中寻求和谐统一的色调关系，这就是色彩的本质。

该课程是在建筑学大一的下学期来完成。在多年的教学中，我发现，针对专业学科的特点，只要有较好的素描基础，通过细微的描绘着色来表现客观的物象，其实对于建筑学的学生来讲是没有问题的。但唯有一点就是他们很难主观上有效地控制画面的整体色调关系。

面对复杂，且具有跨度较大色彩的静物，如何统一协调它们组成画面是至关重要的。通过课前的引经据典对大师绘画的了解，学生能够懂得色彩的构成方式并不是单一的，对于同一组静物，或是风景来说，每一个人都有自己心中的色彩感受，虽然自然万物中有一定的色彩规律，但是在画纸上表现的色彩仍会有差别。比如，我们画一棵树时，按照正常来讲树干是棕色的，树叶是绿色的，但是通过调色盘的调和，每个人感受到的绿色是有差别的。色彩认知训练就是要在掌握基本色彩规律的基础上，差别认知色彩，感受心中色彩的变化，每一组景物，或许会因为观者此刻的心情而产生不同的色彩感受。正如梵高所说，如果模仿可以不用人来做，那么，人就要用自己的判断和理解来作画。

二、实例分析

1. 色彩表现

在建筑学中，学生通常以水彩为媒介来表现色彩关系。对于媒介的熟悉与应用是最初要解决的问题，运用色彩知识，巧妙地利用颜色与水分之间形成的微妙变化，寻找水彩表现的最佳途径。表现同一种物体的不同形态需要作者具有强烈的主观分析能力。透明的物体本身并不好表现，当放置在一起时，就更需要创作者除了主观地处理每一个物体内部的关系以外，还要处理好与其他物体之间的变化又统一的关系。该作品构图不拘一格，表现手法大胆统一，色彩搭配合理有序，主观性强，这一点是很难得的（图2–3–1）。

图2–3–1　色彩认知表现　邢红玮

水彩对于没有美术基础的学生来说并不是很容易把握。这张作品对于水分的虚实表现以及色彩关系的处理都比较得体。每一个物体的虚实，背景与前面主体物的虚实关系表现得都较为生动、自然，对画面整体色调的控制也张弛有度。水彩作品最重要的就是利用好颜料的特性来表现画面，但这一点需要多加练习才能慢慢体会（图2–3–2）。

建筑色彩是表达设计师情感的重要元素，它可以通过空间色彩传达并暗示人的心理、生理上的变化。暖色系的运用就会给人以温暖、欢快的心理感受，冷色系则给人以庄重、威严的心理暗示。中国古代对于建筑色彩就有严格的制度，比如皇家宫殿一般采用黄色的屋顶，宫殿外的围墙则呈现红色，象征着至高无上的皇权，普通民众则主要使用灰色和白色（图2–3–3）。

图2-3-2 色彩认知表现 李仙琳

图2-3-3 北京故宫博物院

2. 色调

色调的处理是色彩表现中最为关键的一步。画色彩，首先要解决对画面主体色调的控制，面对烦杂的、不同色彩的物体，如何将它在作品中和谐统一地表现出来，就需要创作者对画面的色彩关系以及整体色调进行主观处理与调配。客观事物中的物体有很多颜色，不同颜色物体都会受到周边颜色的影响，从而形成环境色。为了协调整幅画面关系，我们要学会利用环境色使物体间的关系达到和谐统一。这组静物中存在几种饱和度相对高的物体并置的情况，且可观看的角度比较小，这也意味着画面的构图相对要平稳一些，想要在“一”字型构图中获取更多的表现信息，恐怕就要考验学生的绘画表现能力了。作者对于蓝、绿、红色物体的颜色做了主观的分析与调整，远处的红色物体将明度降低，近处的蓝色物体将明度提高，以色彩本身的色调将物体之间的空间关系交代清楚，且对于画面中3个空间虚实的处理也恰到好处。如果能将重色的花衬布再适当地处理一下就更好了（图2-3-4）。

同样一个角度，本幅作品的画面中没有强烈的对比关系，在和谐统一的色调中处理了微妙的色彩关系，含蓄且明快（图2-3-5）。

利用色彩可以强化或者引导人们对于建筑的认知，从而达到心理暗示般的体验目的。建筑所表现的色彩一种是自然形成的，主要依赖建筑材料本身，恰当的处理会给人们留下深刻的建筑体验感，如圣皮乌斯教堂，暖色调的石材形成流动的线条，增强了诗意般的空间感受（图2-3-6）；另一种是设计师主观设计的色彩，这样的建筑色彩往往具有更多的指向性、引导性。同时也会受到地域文化等因素的影响。苏州博物馆的设计就运用了江南传统建筑中的色调，将建筑与自然环境融合在一起（图2-3-7）。

图2-3-4 色彩认知表现 冯兰舒

图2-3-5 色彩认知表现 刘思贝

图2-3-6 圣皮乌斯教堂
Franz Fueg 1996年

图2-3-7 苏州博物馆 贝聿铭 2006年

3. 色彩混合

我们从经典作品的解析中认识了印象派画家对于色彩的研究，了解色彩混合带来的不同视觉感受，有了对比与混合，我们才能够从众多的色彩中认识并感受色彩关系。这幅作品对物象的塑造有很强的的表现力。如果仔细观看，会从每个物体中体会到色彩关系的微妙变化，作者利用水彩的特性，将色彩的过渡与混合有效地呈现在对物体的色彩关系的塑造中。尤其是对衬布的表现，色彩厚重且不闷，很好地将色彩关系融入其中，大透视的处理推远了背景与实物的空间，浅色的背景与白色的石膏在细微的差别之间统一了整幅画面（图2-3-8）。

图2-3-8 色彩认知表现 刘洋

建筑中的色彩混合就是利用光线对建筑产生的冷暖色彩关系的变化。建筑受光的照射会产生明暗的对比关系，亮部的暖色系与暗部的冷色系将整个建筑融合在统一的色彩关系中，增加了建筑立面的丰富感，通过阴影对建筑色彩也产生了趣味性的表现。如英国伦敦的大英博物馆扩建项目，巨大网架屋面将投影投在四周的方形建筑上，利用丰富的空间色彩关系，使建筑更加突出（图2-3-9）。

图2-3-9　大英博物馆　英国

4. 色彩节奏

节奏关系从素描就开始说起，这个思维意识将深入我们每一个课程中，从素描到色彩，从平面到空间。节奏可以有很多方式来呈现，可以利用物体之间的位置关系来控制构图，从而实现画面节奏的变化；或者利用物体本身形成的线性结构来实现节奏变化；也可以通过色彩在画面上的布局来调整画面的节奏等。这组静物中物体的种类比较多，且具有不同的质感，如果处理不好会导致画面产生凌乱的感觉。作者在处理手法上统一有序，画面节奏关系和谐，并且具有自我独特的表现手法，这一点很难得（图2-3-10）。

图2-3-10　色彩认知表现　祁恬

这两幅作品的水彩表现力强，且对物象的塑造清晰有序，作者学会了用自己的色彩语言来组织构成画面关系（图2-3-11、图2-3-12）。

在多元文化的影响下，建筑色彩表现个性的同时，也更加体现了形式感、节奏美感的特色。建筑色彩的运用离不开光影，不同

图2-3-11　色彩认知表现　杨静恬

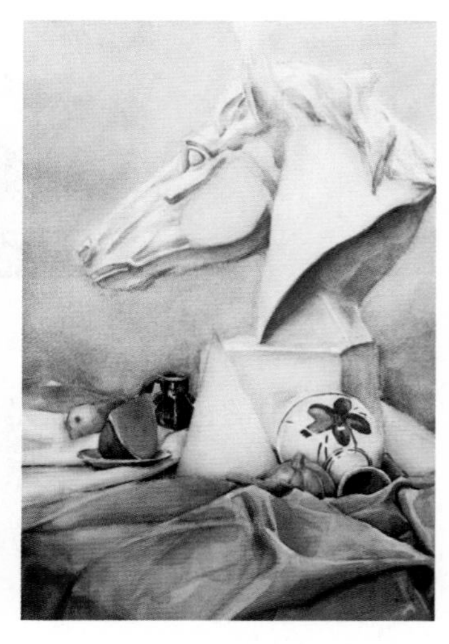
图2-3-12　色彩认知表现　林嗣添

的光影会呈现不同的色彩节奏感。中世纪教堂中色彩斑斓的玫瑰窗，通过光线的照射使教堂内的光线充满着神秘感，也承载着某种观念与情感（图2–3–13）。

图2–3–13　巴黎圣母院　玫瑰窗

5.色彩空间

利用色彩来表现空间，其表现方法与素描中的空间表现是一致的。静物台上的物体，相对来说，空间关系是比较容易再现的，我们最常用的方法就是对背景作虚化处理。水彩媒介中最主要就是对水分与时间的控制，所以需要注意的点就是将原本复杂多变的背景，能够做简化、虚化的处理。这幅作品中，作者将背景中所有的物象因素作弱化处理，凸显出画面主体的关系（图2–3–14）。

图2–3–14　色彩认知表现　王楠

水彩表现是建筑学专业一年级就会涉及的一种绘画方式，就水彩本身而言，学生并不陌生，但只限于对建筑效果图的渲染。利用水彩来表现静物，就需要很多的思考因素，如色彩关系、虚实关系、技法表现等。这幅作品的优势在于对标本上羽毛的表现，且整体造型完整，前景与背景之间的虚实关系处理得当。但画面色彩关系较弱，只是利用色彩表现了素描关系，缺少对于环境色的融合（图2–3–15）。

水彩有很多表现方式，本幅作品用细致入微的方式，从局部入手，将每一个物体都进行了精细的刻画。从局部入手，有时候会控制不好画面的整体色调关系，但作者却将空间关系处理得体，唯有一点不足是画面中缺少环境色（图2–3–16）。

建筑色彩的空间塑造可以划分空间层次，对于不同职能的空间领域，可以通过不

图2-3-15　色彩认知表现　贾英杰

图2-3-16　色彩认知表现　周麟

同的色彩来区分；强化空间秩序，对于空间的功能性使用，可以利用色彩营造氛围，同样也可以达到重塑空间以及延续空间的目的。实现色彩的空间过渡功能，当从一个空间向另一个空间转移时，空间色彩也随之发生变化，从而影响人的心理感受。法国Cite de la Musique音乐博物馆的红色入口，将外部的公共空间与内部的私密空间形成了自然过渡的分界口（图2-3-17）。

图2-3-17　Cite de la Musique音乐博物馆　法国　1990年

第三章 设计素描

课程名称： 设计素描

课程内容： 1. 几何形态分析与转化

2. 几何空间转译

3. 物象解析表现

4. 体会周遭事物——具象表现

5. 材料的衍生与表现

课程时间： 64课时

课程介绍： 设计是一种创造行为，它来自人们的交流、觉醒，以及想法。建筑设计是科学与艺术相结合的学科，其意义在于发现与创造，我们培养学生的创造性视觉思维，使学生主动利用所学去实现并参与“美”的解读与创造。训练学生对已知物象形成新的视觉语言与认知形态，在思维转变中形成创造性的观念与逻辑思维，建立起建筑与艺术的互通桥梁。

第一节　经典作品解读

从20世纪开始，艺术进入了一个实验时期。艺术家在不断探索具象艺术的同时冒险性地进入了抽象的领域。科学技术的变革，新的交流方式以及新的社会意识形态都影响着艺术家观看世界的方式。艺术家们创新性的表现方式，不断地挑战既定的艺术形式，所以20世纪有关艺术的形式、方式和对艺术的界定都非常的复杂，且没有统一的评定标准。艺术家们都尽量避免作品中出现一些类似的元素和形式特质以区别于其他人，他们开始更多地关注抽象艺术，他们希望关注作品背后的思想而不是作品本身。

从古典主义向现代主义发展的过程中，出现了一位爱画苹果的艺术家保罗·塞尚（Paul Cézanne），他毕生都在力争以绘画来表达其关于艺术本质的观念，而这种观念使他被誉为“现代艺术之父”。塞尚认为绘画是不同的艺术家不同经验的结果，建议处理自然要利用圆柱、球体转译成抽象的语言，他主张利用色彩对比来表现物体，而不是线条和明暗关系。塞尚打破了利用单一视角观察物体的办法，在同一张作品中将多个视角的物象组合在一起，空间的构造被打散、抽掉，他对绘画的思考将艺术带入了更加前卫的领域中。塞尚的绘画改变了整个西方艺术的进程，对之后的艺术家产生了深远的影响。从塞尚开始，西方艺术家开始逐渐转向自我情感的表达，他们在塞尚这里得到的不仅仅是技法上的启发，更重要的是观察世界的思维方式。塞尚对透视的看法十分激进，他并不拘泥于线性透视的单一原则和固定的视角。在《篮子与静物》（图3-1-1）作品中，他有意将空间打散，罐子与酒壶就是在不同的视角上进行的观察，即使将桌面的线条延长后，也并不在同一条直线上，画面中的水果篮似乎并不能合理地存在于空间范围内，塞尚的这种观察物体的方式对我们当今的艺术教育产生了重要的影响。

他在创作《圣维克多山》（图3-1-2）的过程中研究出一种新的风景画类型。在这里他度过了他的大部分岁月，并且一直反复地画这座山，通过反映山的大气变化和天气条件逐渐增加笔触，他试图捕捉随着时间的推移大山产生的变化，而不是单纯地画一座大山。他先用炭笔将他的主题形态确定好，然后逐渐地连在一起，形成相互连结的色块。他认为素描和造型的秘诀在于色调间的对比关系。他在风景画中创造了一种结构和深度，设想了一种自然的视角，形式在其中变成了抽象的，深度也开始逐渐消

图3-1-1 篮子与静物
（保罗·塞尚，布面油彩，1890年）

图3-1-2 圣维克多山
（保罗·塞尚，布面油彩，1890年）

失。他利用对空气透视的理解，在同一个结构里混合暖色和冷色，从而创建一种对观众的推拉效果，山上的暖色调朝向我们，同时又有冷色调的出现将它推远。

1. 空间

空间创造出的一种具有景深的虚拟效果。在一件作品中，为了使两个不同物体的大小产生对比，将一个物体画实，而将另一个画虚，可以体现空间；也可以将前面的物体放大处理，远处的则做缩小处理。如果两个物体重叠，那么前面的图形就比部分被遮挡的图形看起来离我们更近。平面中，中下部分的图形同样也看起来离我们更近。日本艺术家葛饰北斋在《神奈川冲浪里》中为了表现深度与空间，将一条船画得比其他的船大，通过尺寸的对比，我们就能轻松地辨别景深。前面波浪的形状覆盖了大船的形状，同样暗示我们，浪比船离我们更近。远处富士山的位置低于浪花，这样的构图使海浪显得更加壮观，同时也使我们意识到富士山的距离更遥远（图3-1-3）。[1]

图3-1-3 神奈川冲浪里（葛饰北斋，彩色木版画，1826～1833年，华盛顿，国会图书馆）

[1] 黛布拉·德维特，拉尔夫·拉蒙，凯瑟琳·希尔兹．艺术的真相[M]. 张璞，译．北京：北京美术摄影出版社，2017：81.

2.形态与运动

图3-1-4 阿波罗与达芙妮（洛伦佐·贝尼尼，大理石，1622~1624年，罗马，波格赛美术馆）

艺术家对于形态的表达和运动的捕捉构成了艺术表现的新形式。如果想让一个静止的图像动起来，或者变成有生命的东西，就需要改变物体的位置，或是通过不同视角的观察，将不同视角统一在一张作品中。当然通过表现动势也可以描绘一个正在发生的动作。17世纪意大利雕塑家乔凡尼·洛伦佐·贝尼尼（Gianlorenzo Bernini）在许多作品中都强调了动势。《阿波罗与达芙妮》（图3-1-4）讲述了一个希腊神话故事，太阳神阿波罗疯狂地爱上了森林女神达芙妮，在他触碰到达芙妮的一瞬间，达芙妮变成了一棵月桂树。流动的衣褶，伸展的四肢，飘动的头发以及达芙妮的手指已经开始长出发芽的树叶，场景由于动势的表现，突然被凝结在一个时间点上。艺术家在暗示着一种动态，虽然我们并没有看见运动的发生，但他通过视觉上的幻觉来表现运动。

3.运动与变化

运动与变化是生命和时间的本质。传统的视觉艺术也一直在寻找从变化中提炼并创造的途径。用简单的语言，通过形态的转换或是转译形成新的视觉元素，从而形成创新性的研究。

4.布局与节奏

图3-1-5 滨江竹市场（安藤广重，1857年，夏威夷，檀香山艺术学院，个人收藏）

构图中的元素布局控制了节奏，并创建出多个焦点。日本艺术家安藤广重创作的版画《滨江竹市场》中有3种确定方向的图形，他们在视觉上彼此独立。月亮、桥和人在位置上形成3个独立的焦点，桥的面积比较大，所以形成最主要的焦点，其次是月亮，桥下的人正好在月亮的垂直位置，而其轮廓也从平静的水面中分离出来。不同距离的3个焦点创建出的节奏感增加了视觉引导性与趣味性（图3-1-5）。

画面的布局与节奏决定着作品的重点和焦点，是它决定了艺术家在作品中想表现的观念和给观众带来的艺术视觉效果。我们的目光会被画面的布局所牵引，在画面中寻找我们思想能够驻留的地方。

节奏是视觉艺术的“整体”，它提供给我们观看的结构，指导我们的眼睛从一点转向另一点，大多数的平面艺术作品都有形状、色彩、明度、线条和其他元素，而它们之间就为形成节奏提供了参照点。画家彼得·勃鲁盖尔（Bruegel Pieter）是16世纪优秀的北欧艺术家之一，在他的作品中，我们看到了有强烈节奏的连续事件，这让我们的眼睛环视画布，而且精致的细微节奏也出现在细节的重复中，如树木、房屋、鸟儿和色彩（图3-1-6）。这些重复的元素创造了各种各样的整体节奏。

画面左侧的猎人首先吸引我们的注意力，他们深色的衣服和雪地形成鲜明的对比，顺着他们行走的路线，我们的目光被带入画面中已经结冰的池塘，而池塘的颜色与天空相互呼应，又将我们的视线带入远方，隐退的山脊，远处的房屋，飞翔的鸟儿，停留在树间的鸟儿又将我们的视线引向并列的树干，跟随着这样的节奏，我们又重新审视到原来的视点。当我们深入地观看细节时，又有一群正在生火的人映入我们的眼帘，周而复始的画面节奏，是艺术家巧妙地运用了构图的关系，将有故事的画面讲给我们听。

5.形式分析

形式分析是读懂艺术作品的一项重要指标，虽然并不是所有的艺术作品都需要做分析才能读懂，但是这已经成为解读艺术、了解艺术的一种有效手段。

迭戈·委拉兹开斯（Diego Velázquez）是西班牙最伟大的画家，尤以肖像画最为世人推崇，并在宫廷中备受赞誉。《宫娥》（图3-1-7）这件作品用多种方法制造画面的平衡感，所有的人物都处于画面的下半部分，通过墙上的画框与窗帘来保持画面的平衡关系。一个三角形的构图形成3个焦点：玛格丽特公主、镜子还有站在门口的神秘男人，画面后面的长方形使房间的空间结构形成稳定的节奏关系。委拉兹开斯将自己安排在画面的左侧，和右侧的人物形成一条有节奏的视觉导向。整幅作品有3米高，使画面中的人物看起来像是真实地存在于空间中，从而进一步强化了三维空间的错觉，而就其

图3-1-6 雪中猎人（彼得·勃鲁盖尔，木板油画，1565年，维也纳艺术史博物馆）

图3-1-7 宫娥（迭戈·委拉兹开斯，布面油画，1656年，马德里，普拉多美术馆）

是现实与错觉等问题引来了学术界的大量讨论与研究。

形式分析告诉我们艺术家是如何运用视觉语言来传递信息的，这同时也帮助我们提高对于艺术作品的理解能力。人物关系的巧妙安排暗示出皇家礼仪的尊卑关系，画家将自己画入皇室家庭的场景中，也展示了他与国王的亲密关系，并界定了自己贵族的身份。

艺术家们经常临摹自己喜欢的作品，通过临摹来创造具有自己风格的作品。巴布罗·毕加索（Pablo Picasso）在76岁时，画了45张作品来回应《宫娥》，其中一张改变了画布的尺寸，运用了不同的元素和规则（图3-1-8）。毕加索并没有采用线性透视，但他还是通过远处人物与明亮的门廊产生的对比制造了景深的感觉。委拉兹开斯被拉伸或漂浮在天花板上，其他人物的表现方式也更加抽象，他用自己独特的方式重新诠释了这幅作品，更加的个性化。

图3-1-8　宫娥（巴布罗·毕加索，布面油画，1656年，巴塞罗那毕加索博物馆）

毕加索是沿着塞尚的道路将空间打碎再重新组合。他崇尚本能以及原始艺术，认为不要去描绘客观物体的外表形态，而是把客观物体引入绘画，从而将表现具象的物体本身和表现抽象的结构形态结合起来。受到塞尚的影响，他创立了多重透视法，一张作品中有人物的脸也会出现人物的背部。在他的作品中展现了对线、面与体积的相互关系以及其形成的空间的关注。到了毕加索的时候，就开始有了几何符号的意思了，这也正是抽象的前身。如果说马蒂斯解放了色彩，那么毕加索就解放了形体关系。《格尔尼卡》（图3-1-9）描绘的是德军轰炸西班牙的格尔尼卡镇的场景。画面中没有炸弹，没有飞机，毕加索运用立体主义的手法，描绘出破碎的肢体，混乱的场面，夸张地表现了痛苦、绝望、恐怖和死亡。这是百姓们反对施暴者的声音，毕加索从来不解释绘画中人物的特定象征意义，也不阐述他创作的政治动机，因为他相信观众自己能够阅

图3-1-9 格尔尼卡（巴布罗·毕加索，布面油彩，1937年，马德里）

读作品。他曾说过："一幅画没有预设的意念和手法，当一个人思想变化时，其作品在创作中也会发生改变。当作品完成时，依据欣赏画作的心理状况，也在不断地变化。"❶

6.重构

重构是通过对结构的几何形式的关注与分析，将画面中的空间通过重新组织、构成来实现。作为传统对真实物体的描绘方式，对三维错位的描绘，让我们在一个角度看一件物体时仿佛也从另一个角度在看这个物体，打破了原有物体和人物的形状，把他们画成几何形，并根据他们自己对艺术的理念来处理这些形状。毕加索在《亚威农少女》（图3-1-10）中探索出一种描绘人物的新方法。他把形式简化为抽象的平面，使这些人物形象具有一些棱角，把人物的身体和面部分解成碎片，从面部的表现上可以看出毕加索受到了非洲艺术的影响，这些人物形象尚可辨认出来，而后来他的作品就

图3-1-10 亚威农少女（巴布罗·毕加索，布面油彩，1907年，纽约现代艺术博物馆）

❶ 乔治·布雷.伟大的艺术家[M].谭斯萌，李惟祎，钱卫，译.武汉：华中科技大学出版社,2019:288–292.

更加的抽象晦涩。

《持曼陀林的女孩》（图3-1-11）中塑造的形式感已经消失了，人物与画面的背景融合在一起，画面中不断变化的线性格子将第三个维度完全用相对平整且有角度的平面来表现，他不再把人物当作一个完整的体积来塑造，而是将形象打散，并用视域的线格来处理。尽管毕加索把颜色控制在较小的范围内，但是你仍然能够感受到一些短小笔触形成的微妙色阶的变化，似乎创造了一种表面与深度之间的变化与运动感，让人能感受到闪烁的、令人着迷的微光。他并没有完全摒弃自然世界，在画面中你总能获取一些微妙的线索，并察觉到一丝模糊难辨的题材。意大利批评家阿尔戈登·索菲奇称这样的作品就像多棱镜的魔术一样，让人感到神奇。

图3-1-11　持曼陀林的女孩（巴布罗·毕加索，布面油彩，1910年，现代艺术博物馆）

立体主义的作品坚持在描绘一个物体时，不只从一个固定的角度去观察，而是强调共时性，毕加索对于人物脸部的创作运用了格式塔心理学，进行的是一种视觉与知觉层面上的游戏。

7.拼贴

毕加索对于模糊性的空间表现进行过多次的尝试，他把"美"的或是"丑"的一些不相干的非正式的材料交织在一起，创造了作品与外部世界极为新颖的联系，并在不断地实践过程中寻找到了一种可以创造性表现的方法。他开始尝试着在画底上拼贴，裁剪的贴纸具有一点不确定的因素，并在画面中扮演着多重的角色，除了具有字面上的意义，还有形象描绘的意义。《吉他、乐谱和葡萄酒杯》（图3-1-12）将一张具有装饰性的墙纸布满整个背景，并将画完的木纹剪裁下来，作为吉他的一部分，虽然乐器本身的形象并不完整，但我们通过艺术家提供的形象性的符号构想出来蓝色纸片的部分应该就是琴桥。他用现成的物品创作出一种全新的绘画语言，建构出一种新的秩序关系。

图3-1-12　吉他、乐谱和葡萄酒杯（巴布罗·毕加索，贴纸粉彩炭笔，1912年，麦克奈艺术博物馆）

8.变化

在艺术中，变化是一种观念、元素或是材料的集合，把它融合在一个设计中，将重复、相似、变化尽可能地统一出独特性和多样性。一件作品不可能只有一个类型的明度、形状或者色彩，用变化来表达一种力量，用变化来释放一种情绪。

有文献证明，立体主义雕塑最早的作品是由乔治·布拉克（Georges Braque）发明的，只不过，他尝试的作品没能保留下来。毕加索延续了他的制作方法，利用金属片制作了《吉他》（图3-1-13），他利用工业材料以自己对于物像形式的概念性的符号为参照，凭借主观的臆断来模仿具有非平面性的、三维的模型，探索着一种开放式的构成方法，将空间与构成的概念融合在一起，做了一种创新性的实验性艺术。

图3-1-13　吉他（巴布罗·毕加索，初稿模型，纸板弦丝铁丝，1912年，现代艺术博物馆）

9.材料与现成品

现代艺术经过近百年的发展，在艺术观念、表现形式和空间语言上都有了巨大的变化，材料的使用范围也越来越广泛，而且呈现出越来越个性化的趋势。自然材料在艺术创作中是使用最早的媒介材料，人类运用自然材料建造村庄、城市、塑造人物形象，并结合新材料创造出新的艺术风格、观念和形式。现成品作为艺术创作的媒介材料，直到波普艺术兴起，人们才真正地理解它的意义和创作中无限的可能性。现成品进入艺术创作不仅是在审美观念上的革命，更是在艺术创作手法上的革命。20世纪80～90年代以后的艺术家，对现成品的选择更倾向于运用身边最熟悉的衣物器件等，表现对人类社会、环境等问题的看法。他们认为艺术家应该是斗士，积极地向人类自身、社会、道德等宣战。

马赛尔·杜尚（Marcel Duchamp）曾说：“现成品放在那里不是让你慢慢去发现它的美，现成品是为了反抗视觉诱惑的，它只是一个东西，它在那里，用不着你去做美学的沉思、观察，它是非美学的。”[1]现成品艺术注重的是发现的过程，并且在“发现”的背后隐藏着艺术家作为主体的个人经验。约瑟夫·康奈尔（Joseph Cornell）是美国的一位伟大的超现实主义者，最著名的就是他的“盒子系列”装置作品（图3-1-14）。他将一些不起眼的边角余料和短暂易碎的什物，通过一种神秘的方式组合在一个精巧的小手工盒子中，以表现超现实主义的核心主题。他的作品中有联想的、神秘的、浪漫诗意的审美表现，他是按照自己的表达方式和自己的观念来进行有意识地选择，而不是在那些无个性的废品中随意挑选。他选择的物品本身都具有时代感或带有痕迹，这也就意味着康奈尔作品中的现成物品真正成了“被发现物”。作品也不再是简单的反

❶ 皮埃尔·卡巴内．杜尚访谈录：插图珍藏本[M]．王瑞芸，译．北京：中国人民大学出版社，2003：193.

美学、反传统、反艺术的表现，作品呈现出的是一种非常个人化的倾向[1]。

图3-1-14　盒子系列（约瑟夫·康奈尔，装置）

阿尔曼·费尔南德斯（Armand Fernandez）是法国新现实主义运动的代表性人物，他与伊夫·克莱因（Yves Klein）的关系甚密。他擅长切割对象后再堆积组合起来，而其切割的对象则是乐器、雕像、家具、汽机车、工具、钟表零件及生活用品。经由艺术创作阿尔曼将日常生活中熟悉的、消费性的物品，以不同的方式保存下来，将原有的事物赋予新的面貌与意义，进而发掘物品潜在的功能。阿尔曼将这些经分割、拆解与集积后的物品，以重复、复制的手法呈现出量的感觉，所以阿尔曼的作品常是人类生活与情感的集积。《家，甜蜜的家》（图3-1-15）中同一类人工制品的堆积及其作为现实生活中某一具体物品的本质，能使观众反思该物品本身，勾勒出一段与它相关的历史，这往往也能让观众陷入无限的回忆之中。除了把物品“堆积”起来，阿尔曼也会使用“宣泄”手法把物品拆得粉碎。他宣泄破坏的东西大多是乐器，虽然作品极具讽刺意味地戏弄了资产阶级，但同时又流露出一种感怀之情，即便是坏了的钢琴，它也永远都是一架钢琴[2]（图3-1-16）。

图3-1-15　家，甜蜜的家（阿尔曼·费尔南德斯，1960年，巴黎蓬皮杜艺术中心国立现代艺术美术馆）

罗伯特·劳申伯格（Robert Rauschenberg）将达达艺术的现成品与抽象表现主义的行动绘画结合起来，创造了著名的“综合绘画”，从此走向波普艺术的开端。他的综合绘画就是将日常物品引入作品中，将绘画、物品、素描等元素组合成既非绘画又非雕塑的一种作品。他把自己的一床棉被、一个枕头支在一个画框里，然后用颜料涂洒上去，让颜色自如地流淌下来。在作品《床》（图3-1-17）中，他使用了现成品，改变了床作为寝具的功能，使其成为一种艺术载体。这幅作品被认为是美国拼合艺术的开端，正如他自己所说的那样：“绘画是艺术也是生活，两者都不是做出来的东西，我要做的正处在两者之间。”他打破了生活与艺术之间的界限，在他的作品中，可以明显分辨出发生在我们生活中的事物，在创作中即兴和违背

[1] H.H. 阿森纳，伊丽莎白·C. 曼斯菲尔德．现代艺术史：插图（第6版）[M]. 钱志坚，译．长沙：湖南美术出版社，2020：460-462.

[2] 马可·梅内古佐．图解西方艺术史：20世纪当代艺术[M]. 庄泽曦，译．北京：北京联合出版公司，2020：194-196.

图3-1-16　肖邦的滑铁卢（阿尔曼·费尔南德斯，1961年，巴黎蓬皮杜艺术中心国立现代艺术美术馆）

常理的处理方式，是劳申伯格最为欣赏并惯用的创作模式。他笑称："把事物像螺丝一样拧在一起就是我的喜好，是否正确并不关键。"❶

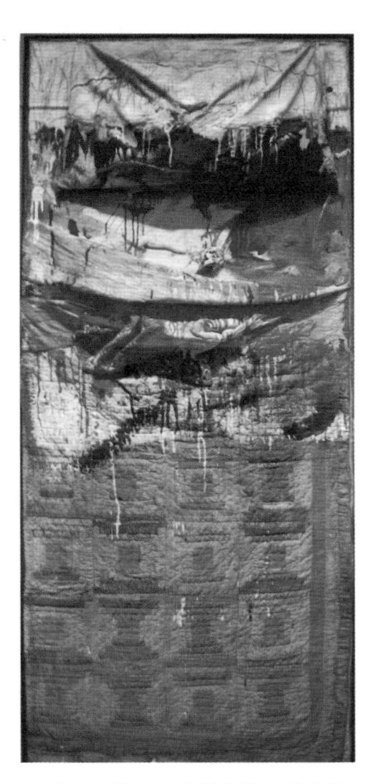

图3-1-17　床（罗伯特·劳申伯格，1955年，纽约现代艺术博物馆）

莫里茨·科内利斯·埃舍尔（Maurits Cornelis Escher）是荷兰版画家，因为其绘画中具有的数学性的信息而闻名。他的主要创作方式包括木版画、铜版画、石版画、素描，在他的作品中可以看到对分形、对称、密铺平面、双曲几何和多面体等数学概念的形象表达。他的画面中充满着想象中的世界，不可能的楼梯、荒谬的走廊以及神秘的图案，他像数学家一样的思考方式，使其作品具有更理性的数学表现秩序。在计算机的三维图像出现之前，埃舍尔就已经在二维的纸面上，建立了自己的三维空间的联系方式，他构建的不可能的世界，让矛盾同时自然地存在着，给人一种不在现实中的感觉。空间与平面同时存在，并且让两者不停地创造对方，而艺术家只是一个媒介（图3-1-18）。恩斯特曾评价道："埃舍尔穷尽其一生地以独特的视角、独有的才华表达自己对现实的礼赞。他对自然形态的韵律、空间中隐藏的无限可能性有着非常直观的感知。他用这些感知创造美。"❷

❶ 马可·梅内古佐．图解西方艺术史:20世纪当代艺术[M]. 庄泽曦，译．北京：北京联合出版公司，2020：328−330.

❷ 理查德·加纳罗，特尔玛·阿特休勒．艺术：让人成为人·人文学通识（第7版）[M]. 北京：北京大学出版社，2004：184.

图3-1-18　相对性（莫里茨·科内利斯·埃舍尔，1953年）

第二节　课程概述

在前两章节中解决的是基础造型能力与色彩的认知能力，在这之后的教学中就是如何将艺术与设计结合起来，转变思维方式，拓展表现维度，将课程设计与实践相结合，构建新的教学培养创新模式。

我们从咿呀学语，就开始使用语言，并懂得了它的重要性。我们学习语言是为了交流，而设计，正是表达自己的一种手段。设计并不局限于某些专家掌握的高超的造型技艺，它就好像数学一样的普遍，它不应只是设计师、建筑师、公职人员、编辑和面点师掌握的，而应该是所有的人都掌握的一种基本素养。设计，其实是人类为了更好地生活而施展的实践性才能。设计是一种创造行为，它来自人们的交流、觉醒，以及想法。建筑师、艺术家恰恰需要的就是个人的独特性与人的创新性。艺术教育，不单单是为了培养绘画技巧，也不仅仅是为了客观地再现事物，而是需要培养学生做一个有修养与品位的人。懂得什么是“美”的，怎样去欣赏；对于“丑”的定义，又该如何去理解。艺术就像新鲜的空气一样，带给我们的是身心的享受。

建筑设计是科学与艺术相结合的学科，在其设计体系内不仅强调科学的理性思维的培养，同时也注重艺术形式的培育。建筑设计的意义在于发现与创造，我们培养学生的创造性视觉思维，使学生主动利用所学去实现并参与“美”的解读与创造。建筑美术作为建筑学的基础学科，并不是附属，它是走向建筑师的一门必修课。

设计与视觉语言训练是我在多年教学中探索、总结出来的教学体系课程之一。它要求学生对已知物象赋予新的视觉语言与认知形态，它是提升学生内在修养与艺术灵魂的重要手段。课程设置已脱离原有被动描摹的观念与模式，而上升为发掘学生审美潜质和创造能力的培养。课程作业的展示虽然呈现为具象表现，但思维方式的改变却是成为一条通向设计之门的道路，在艺术与建筑设计之间搭上了一座互通的桥梁。

我们将设计引入课程设置是把设计的思维方式带入其中，艺术家的作品对于社会来讲多半是一种个人意识的表达与阐释，而当艺术参与到社会的角色中时，它就呈现出了服务于社会的本质。

我们要从日常生活中开始，从小处着手、从大处着眼。寻找美的过程其实并不像我们想象的那么难，从开始的挑三拣四，到最后随手一个小物件，经过我们的表现，都有可能成为经典之作。这个发现美、寻找美的过程，往往是最重要的，是我们教学中培养学生“再思考”“再创造”的过程。

我们希望通过该课程的训练，使学生从被动地给予，到主动地去创新；从客观地安排，到主动去寻找，并能够创造新的艺术表现形式的作品，从而引发新一轮的思考。

将生活中的事物转化为设计，学会应用视觉符号与语言，具有捕捉事物本质的感觉能力和洞察能力。通过四个课程的逐步分析与实践，让学生懂得艺术与设计是密不可分的，他们就存在于我们的生活中、日常中，并不是我们不具备设计的能力，而是我们缺乏观察、认识、再认识的过程。在课程的组织内容上，让学生明白，并不是只有制造出新的东西才算是创造，熟悉的东西，经过我们的再思考、再开发，同样也具有创造性。正如建筑学家理查德·沃尔曼（Richard Saul Wurman）所说，现在我们开始理解到新技术的出现并非为了取代那些“旧”的，而是“旧”的要容纳“新”的，这样一来，我们做出选择的余地也就更大了。所以我们在课程设计中，并不是将传统的一概否定，而是将新与旧、传统与创新放在一个更加宽阔的视野中综合加以塑造、利用。

第三节　几何形态分析与转化

一、课程分析

几何形体是构成所有事物最基本的组织形态，看似简单的形体却是我们能够进行分析与设计的最直接的载体。建筑师彼得·库克曾在1962～1964年就提出了一个新颖的构思：人不一定需要住在建筑物之内，人的居住可以简化至一个小型的房间，如小型的“Capsule”（货柜），而这个小货柜是可以移动的。这个移动的居所可以随时“Plug-in（接入）或者“Plug-out”（拔出）一个大型结构，每一个结构可以由起重机吊起来挂在巨型的结构之上。而在“插入城市”的概念中，人没有固定的居住场所，他可以将这种结构住所移动到不同的城市，甚至国家。没有边界的限制，只有自己的国籍，而人口的密度和建筑的密度也可以随时改变。[1]

这种概念的提出，为我们的课程设置提供了一种崭新的思维方式与构建体系。以往我们绘制的几何形体只是单纯地表现它的结构、透视以及空间组成关系。现在我们可以通过多个视角的观察、位置的移动，甚至是对于轨迹的描绘、形体的拆分等多种形式与手段对已知几何形体重新定义，通过主观的逻辑关系、建构关系，组织再现新的作品。就犹如彼埃·蒙德里安（Piet Cornelies Mondrian）的空间构成分析一样，在原有物体次序的关系中重新定义物象之间的空间组织形式，获取一种主观性的逻辑关系，以此作为可以阅读的空间，可以阅读的建筑。

通过对几何形体或是复杂物体的形态、体积进行观察、解析，改变原有的观察物象的方式；通过旋转、位移等方式重新构建物象之间的组合形式。探索另外一种空间关系的可能或是可实行的方案，从而建立起相对的空间叙事关系。充分地理解物体的形体关系，准确地掌握物体比例以及透视关系。利用切割、分解的手法加强对于空间结构的理解与分析，每一个物体都是由多种不同的单元组合而成，根据自己的设想把物体进行切割，在切割时要充分地考虑物体切面的形态在画面构图中产生的美感，对切割物体的大小、形状，物体切割的方向、切后物体之间的距离比例等都要进行充分地考虑，不拘泥于明暗的束缚，主观地表现形体空间意识的同时更加准确、严谨地了

[1] 彼得·库克.绘画：建筑的原动力[M].何守源，译.北京：电子工业出版社，2011：40-46.

解物体的结构关系。有一双善于发现的眼睛，养成善于动脑的习惯，能在生活中寻找到自己感兴趣的题材，捕捉美的意象，拥有敏锐的洞察力，这是能够产生联想和创造的前提。在对于物象的解析中我们需要从以下几个因素进行思考：

（1）几何形体的分析。

（2）几何空间的建构。

（3）空间关系的转化。

（4）重新定义空间叙事关系。

（5）实现创意建筑空间表现。

几何是人类最重要的学科之一，它能把简单的直线和杂乱的曲线形体进行多种排列组合，创造出许多优美的形体。几何形体的转化作品向我们展示了点、线、面之间可能出现的多种组合关系，从而帮助我们更好地把握设计的基本原则与空间结构关系。

该课程针对实物进行研究分析，使静止不变的物体在画面中呈现多种形态，通过运动、拆解、打散、重构等方式来构建画面的新秩序。

（1）观察:摆脱事物原有的样子，透过现象看到事物的本质，多视角观察，反复比较，然后由表及里，从局部到整体地设计画面构成。

（2）分析：按照不同的材质、层次、维度去分析。

（3）归纳：将所有因素进行组合，重新定位。将复杂的关系进行归纳与总结。

（4）创新：在观察、分析、归纳的基础上进行联想与创新，体会与学科的关联。

二、实例分析

1.分析

设计素描课程在多年的教学改革中是变化最多、内容最丰富的一门课程，对于建筑学专业的学生来说，应该也是收益最多的课程之一。课前对课程内容的分析有很多种方式，目的是使学生了解物象内在以及与其他物象之间存在的多种关联性，从而获得更多有效的信息，为建筑设计积累丰富的资源素材。学生对于复杂的物象，往往会缺少分析的过程，所以在草稿阶段容易反复修改与多次讨论。该作品面对复杂的物象能够进行准确有序的结构分析，利用线条的排列组合关系形成对画面主观形态的控制，且结构清晰，画面节奏组织合理（图3–3–1）。

通过对物象的分析达到有节奏的画面关系。本幅作品利用物体内在的结构透视关系将物象分别做了详尽的分析。面对复杂的物象以及简单物象，做了主观的分析处理，体现了作者的思维方式以及思想脉络（图3–3–2）。

图3–3–3的作品运用了较为理性的分析，将绘画作品做了深入细致的刻画。画面节奏关系紧凑、合理，线条表现帅气且不失准确性。画面中的每一个物体都进行了细致分析与刻画，又能将其内在的节奏联系在一起，并且在很多地方做了主观性的处理，这一点很难得。

几何形体是建筑表达艺术常用的方式之一。建筑的空间形态常常是由几何形体经过不断反复的推敲、组合、连接、错位叠加而构成。建筑中的形以点、线、面、体的形式表达着建筑的情感与性格，同时也将建筑从整体到到局部有机而系统的结合起来。丹佛艺术馆就是将几何体进行融合贯通的案例，将造型艺术作为建筑表现的一个重要因素展示出来（图3–3–4）。

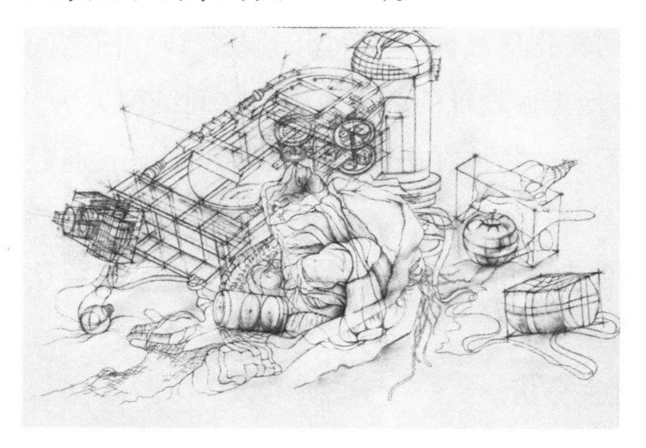

图3–3–1　万物之间　糜伟波

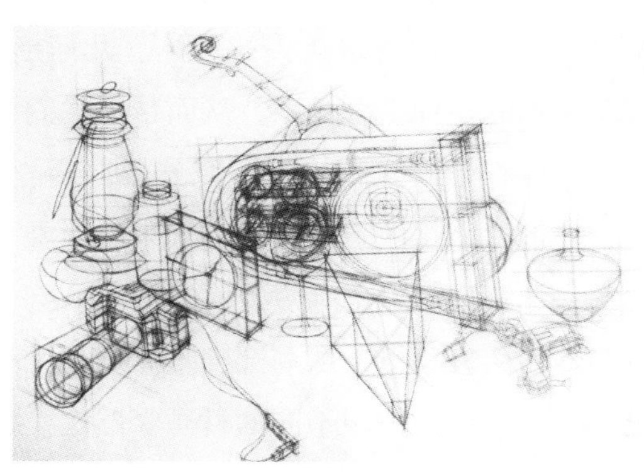

图3–3–2　我和你的世界　冉浩宇

图3–3–3　自然形态　王涵

图3–3–4　丹佛艺术馆　Gio Ponti，意大利，2006年

2. 多维度

在创作过程中，要尝试改变观看的方式以及对物象固有思维方式的认知。在画面中表现物象的多维度空间关系，拓展学生的空间想象以及物象在空间中形成的渗透性、动态性的思维转换能力。充分发挥学生的主观性。将物象做多角度、交叉空间的逻辑分析，使物象具有动态的运动形式，从而形成空间动线、空间形态的序列体验（图3–3–5）。

一般情况下，作品的表现都是在相对单一的空间范围内。本幅作品的不同是将物像置于多个空间中，不同的观察视角，形成了丰富可变的空间关系，延展了空间表现的叙事性与完整性（图3–3–6）。

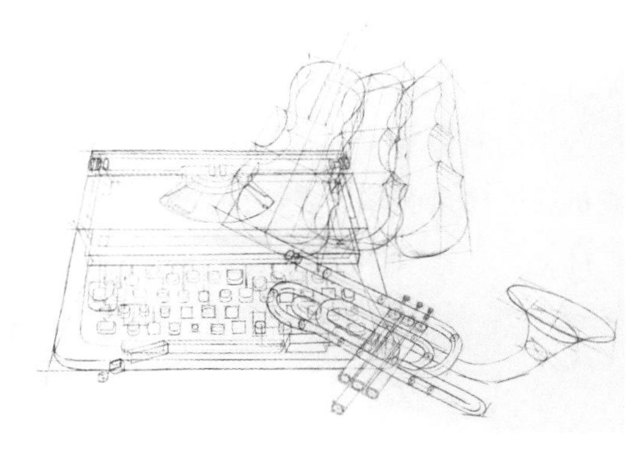

图3–3–5 序曲 齐瑞欣

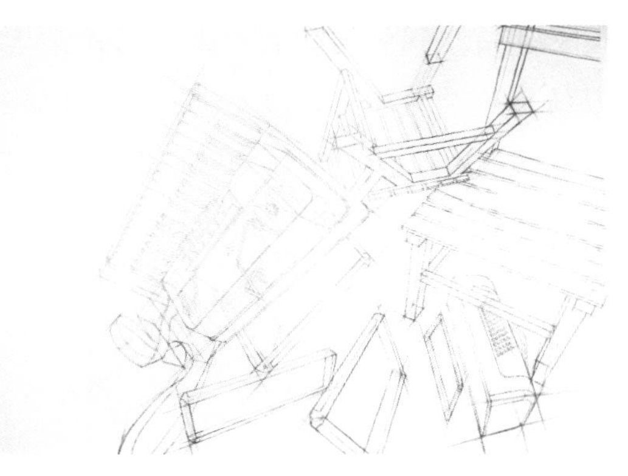

图3–3–6 和弦 孙磊

建筑空间要与人的运动轨迹形成连续的、有序的统一体。在运动的状态下感受空间变化带来的心理感受，或者由于空间方位、大小的变化带来的客观性动态的改变，都可以让人产生不同的情感变化。柯里亚设计的巴哈莱特·巴哈汶艺术中心，从城市空间到庭院空间，再到建筑空间的体验感受，打破常理的空间顺序形成了变化丰富的新路径，使公共空间与建筑空间形成文化交融的有机体（图3–3–7）。

图3–3–7 巴哈莱特·巴哈汶艺术中心 查尔斯·柯里亚 1982年

3.转化

对物体进行分析，将其形体进行转化，寻找事物之间的连续性，充分发挥学生的想象力与创造力。先从简单到复杂，再由繁入简的转化，形成思维的可塑性分析，为之后课程打好基础。图3–3–8作品把重点放在了形体的转化上面，将部分物体进行分析、解构，甚至运用了联想，试图通过多种手段实现对画面的变化性解析。但是在画面的布局安排上有些欠思考。

以结构分析的方式介入其中，通过分析进行视觉感知的转化。图3-3-9作品将转化的元素做了大胆的尝试，从空间到表现方式都做了不同的尝试，如果能将物象之间的转化过渡做得巧妙一些就好了。

建筑空间的转化有很多种形式，从单一到复合、从平面到立体、从静态到动态、从统一到个性等。人作为建筑空间体验的主体与空间中的肌理、材料、声音、形状等紧密关联在一起，客体的转换以及对情景的塑造都会对体验者的感受起到决定性的作用。特拉维夫艺术博物馆运用了几何表面形成折线的体量关系，灵活的空间与动线表现给人以独特的心理感受（图3-3-10、图3-3-11）。

图3-3-8　破坏　田致远

图3-3-9　两个世界　高文宇

图3-3-10　特拉维夫艺术博物馆　Preston Scott cohen　2010年

图3-3-11　特拉维夫艺术博物馆（局部）Preston Scott cohen　2010年

4.重构

从物象原来的形态中释放出来，加以概括、抽离，重新构建物体的形态关系。图3-3-12作品将原有物象进行了几何化处理，消失或削弱原来的轮廓，在繁杂交错中的物象中重新建立视觉语言形式关系。

传统意义的建筑空间，不同的空间具有不同的功能设置。现代空间设计中则需要削弱一些特定空间的设定，模糊空间界限，营造出更加轻松、人性化的体验空间。如西雅图公共图书馆，通过平台连接不确定的动能空间，满足人的不同需求（图3-3-13）。

图3-3-12 几何形态分析与转化 崔钰婷

图3-3-13 西雅图公共图书馆 雷姆·库哈斯（Rem Koohas） 2004年

第四节 几何空间转译

一、课程分析

几何空间转译课程是几何形态分析与转化的改革性课程。探索性地对以往课程进行分析、重塑。整改是我们最近这几年一直努力在做的事情。几何空间转译是一次全新的课程体验，从以往的几何形态中抽离出来，将视线与选材放在更加广阔的领域，课程内容也不单单是静物室里的物体，可以表现世间万事。通过对物体、建筑以及其他形态的观察，从中获取可以转变的空间形式；将已有的空间进行错位改变，从而获得新的空间形式。从荷兰情境派画家康斯坦特·纽文惠斯（Constant Nieuwenhuys）的程式化、系列化的作品中，我们似乎可以寻找到一些创新精神下的灵动的作品表现体验。丙烯在有机玻璃平台上呈现出的缩微的情境，通过可感、可触的方式记录并描绘下来。这种描绘并非客观地再现，而是更加有价值地创造画面，从杂乱的场景中提取能够表达情感的元素与符号，这或许只是纸上幻象，但事实上是将整个思考的过程记录并加工出来（图3-4-1）。

康德拉·沃希曼是欧洲的一位建筑师，他有一个设想，让巨大的飞机停机棚结构的建筑悬垂于广袤无垠的大漠之上，他追求一种流动的建筑梦想，他描绘的扭曲空间有一种震撼人心的力量，其往来回环、盘根错节的架构散发着诗情画意。

作品《葡萄藤》（图3-4-2）中，线条自由组合、变换交错，产生梦幻般的效果。无论是从建筑设计还是从绘画的角度，都能感觉到其独特的风格。他的作品使建筑设计与绘画设计产生了强烈的共鸣，在形式组合中构建出有效的空间关系与体量，完成了构建新型建筑形态的基本关系。❶

图3-4-1　新巴比伦（康斯坦特·纽文惠斯蓝色布面盒装硬皮书，1963年，奥尔良建筑工业协会总部）

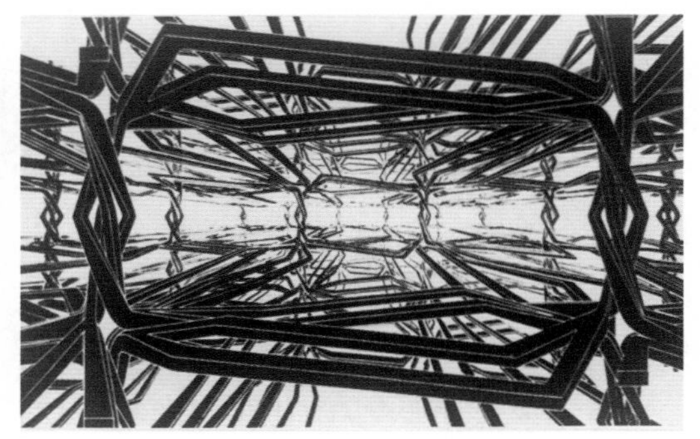

图3-4-2　葡萄藤（康拉德·沃希曼以及他的学生，1954年）

几何空间转译是通过设计思维的语言运用线条描绘出来，以线性造型语言来表现设计形态、构造以及空间关系，它是设计形态的一种延伸。在整个思考过程中关心的是对象的最本质的特征，学生从具体的现实形体中进行提炼、概括和抽象，对事物的尺度、比例进行描绘，最终通过线条描绘来完成作品。除此之外，学生还需要具有主观的观察意识，把造型与意识完美地统一在客观的物体上，它可以作为作者的情感、愿望、幻想的体现。该课程虽然扩大了选材的范围，但是需要学生从已知的形态中寻找新的空间关系。将原有的语言符号进行转译，形成独特的逻辑关系。在创作的过程中，利用转换的方法，可以适当地结合矛盾空间的理论，将原有的空间进行重组，在其过程中重新审视艺术的表现方式，收获艺术创作的乐趣。

和以往的课程设置不同的是，本课程给予学生最大的自由思考空间与联想空间。通过对经典作品的解读，同时了解课程以外的知识，获得能力上的拓展，探索艺术形式的多样化表现方式，体会当自己作为创作主体时的快乐。

二、实例分析

1.几何物象

物体中存在很多内在的几何空间形态，将复杂的空间进行几何形态的概括，形成对

❶ 彼得·库克.绘画：建筑的原动力[M].何守源，译.北京：电子工业出版社，2011：12-15.

空间的抽象感知与概括。几何形态分析与转化的课程分别从建筑空间、环境空间、动物骨骼内部以及机械内部所形成不同空间形式进行观察与解析，建立不同空间之间的叙事性与相关性，感知时间与空间在同一画面中产生的新的视觉现象。图3–4–3作品利用时钟内部的构造原理，通过对复杂零部件的分析与描绘，将空间与平面通过渗透组合的方法重新建构在一起，交织着平面与黑白互换的逻辑体系，建立了空间新秩序。

建筑内的空间是最具有代表性的几何空间形态，将不同空间进行重新组合，创新空间意识。作者对于生活学习的空间进行了深入观察与分析，从空间构成、光影关系等方面进行绘制，将不同空间内部的构成形态，整合在一个空间中，使画面产生梦幻般的效果（图3–4–4）。

空间建构离不开使用者的情感联想，在建筑设计中加入时间及空间叙事的手法，通过情感将不同空间连接在一起，营造出整体有序的空间感受。

图3–4–3 几何空间转译 刘宇轩

图3–4–4 几何空间转译 夏伊曼 2019级

2. 空间转译

“一切艺术形式的本质，都在于它们能传达某种意义，任何形式都要传达出一种远远超出形式自身的意义”[1]在建筑空间中，能够通过一种空间形态表达出多元而又丰富的精神体验。将空间的概念进行拓展，体验新的空间形式，以绘画的方式体验多维度的空间组织形式。每一个人对于空间的理解都不相同，所以空间转译可以释放出不同的空间情感符号，将其转化为可阐释的视觉语言。该作品将建筑空间内部以及楼梯空间进行了连续性的转换，运用统一的表现语言，呈现出空间转译的多种可能性（图3–4–5）。

[1] 鲁道夫·阿恩海姆.视觉思维——审美直觉心理学[M].腾守尧，译.成都：四川人民出版社，1988.

转译的方式有很多种，我们可以利用蒙太奇的手法来实现对于空间转译的表现。空间与平面、几何与构成，骨骼本来就给人一种变化莫测的感觉，图3–4–6作品画面构成清晰，形式语言独特，将不规则的空间进行了很好的阐释。

植物的生长会随着时间、季节的变化呈现出不同的形态，植物的色调也会给环境带来不确定的感官体验。建筑空间中引入植物的动态过程，会改变原有的空间形式，带来更多不可预测的趣味性。上海余德耀美术馆的入口，高耸的毛竹、自然的落叶，将建筑的内外空间融为统一的整体（图3–4–7）。

图3–4–5 几何空间转译 蔡旭强

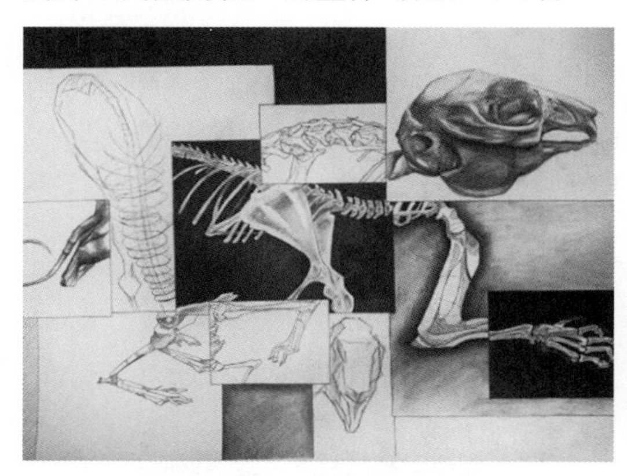

图3–4–6 几何空间转译 王诗奇

图3–4–7 上海余德耀美术馆 藤本壮介（Sou Fujimoto） 2014年

3.联想

每一个人对于物象都会产生潜意识的联想。联想是创造创新能力的灵感来源，人失去了联想的功能，就失去了再创造的能力。在空间转译的过程中，联想是课程完成的一个重要指标，失去了联想与创造，就失去了设计的最基本意义。这幅作品将建筑空间与外太空的空间联系在一起，本不相关的空间通过作者巧妙表现，自然生动地再现出来。画面中的每一个局部都经过仔细的推敲与研究。画面表现上，既体现了和谐统一的关系，又能寻找微妙的变化与逻辑，实属难得（图3–4–8）。

本幅作品将原本在一个建筑空间内的物象进行了大胆的处理与想象，上至天顶，下到地面，以及在空间中形成的变幻莫测的空间转换，都给人一种特别的视觉感受。通过地面图案所呈现出来的视觉映像，利用透视的原理将空间进行微妙的转换，貌似不合理的空间，却引导着观者阅读完整幅作品。作品画面自然生动、合理有趣，空间变化自如（图3-4-9）。

建筑设计不仅有科学的严谨性，还有艺术的审美性。从表层的形式进入深层的内涵表达，就可以借助象征的手法，激发人们的联想，使建筑有了生命，使体验者有了精神的领悟和情感的解读。著名的悉尼歌剧院就像一艘巨型帆船，引领着这片土地的人们去开拓与交流（图3-4-10）。

图3-4-8 几何空间转译 蔡资潇

图3-4-9 几何空间转译 陈子墨

4.塑造空间

塑造空间是将空间利用某种逻辑形态，将空间影像合理、自然地表现出来。所谓的合理不是绝对，而是相对的逻辑关系，就像埃舍尔的矛盾空间所产生的视觉幻象一样，观众会跟随着空间给出的导向性，有序地阅读完整幅作品，看似矛盾却自成系统。图3-4-11作品从埃舍尔的作品中吸收了很多元素，学生从画面中的一个点开始向周边延展，独自创作，画面中张弛有度、节奏感强，注重每一个细节的塑造和对空间的把握。追寻着空间的逻辑，可以感受作者思考的痕迹。

图3-4-10 悉尼歌剧院
约恩·乌松（Jorn Utzon） 1973年

空间作为一个独立的概念，是建筑最本质的特征。无论是具有物理性的三维空间，还是几何性的抽象空间，在建筑设计中都有所体现。单一的空间形式已无法满足社会复杂的需求，而复杂的空间形式也正在随着时代的进步与社会的发展呈现出新的特点与趋势。

图3-4-11　几何空间转译　贾英杰

第五节　物象解析表现

一、课程分析

原研哉先生在《设计中的设计》中提到了一个概念：Re-Design（再设计）。从无到有，是一种创造，但将已知的事物陌生化，也是一种创造。如果说艺术的表现更加体现艺术家的个人情感表达的话，那么设计的落脚点则在于社会，它需要解决的是大多数人面临的公共的问题，这才是设计的本质。[1]

此课程的设置灵感来自原研哉先生的“再设计”。它是把平常物品的设计再做一下，它是一种实验，是把熟悉的东西看作初次相见般的尝试。它也是一种手段，让我们修正和更新对设计实质的感觉。从零开始制作出新的东西来是创造，将已知变成未知也是一种创造。坂茂先生对卫生纸的再设计（图3-5-1、图3-5-2），并不是要改变卫生纸的使用方式，他是给我们提出了一个问题：从日常生活的角度，去认识设计。设计传递了对文明的批评，如果你能在我们司空见惯的事物从寻找到事物的另一种属性，你便懂得了设计的含义，这也正是我们所希望看到的。

该课程的设置是希望培养学生们重新审视事物的能力，设计它来源于日常，不是高不可攀，它是一种方法，教你如何去发现问题；它会感染和启发我们去寻找人类在价值和精神上的共鸣。

以素描的形式介入设计中，通过简单的媒介来提高学生的设计思维意识，以及归

[1] 原研哉．设计中的设计[M]. 纪江红，译．桂林：广西师范大学出版社，2010.

图3-5-1　卫生纸再设计1

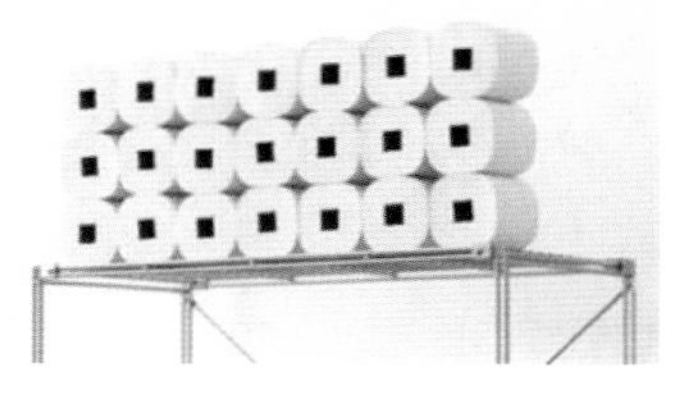

图3-5-2　卫生纸再设计2

图3-5-3　国际机场出入境印章设计（佐藤雅彦）

纳造型的能力。快速地捕捉物象的外部与内部的基本形体关系与空间逻辑关系，是我们作为建筑设计者必须掌握的一项重要基本功。我们在素描与设计中寻找一种科学的逻辑关系，从事物的本质出发，通过规划、草图、构想，表现具有科学性与实用性的创新作品。

设计是一枚沟通的种子，佐藤雅彦为国际机场出入境设计的印章就向我们展示了种子的存在（图3-5-3），它传递的一种人与人的沟通方式，是友好的、善意的，它给游客带来了另一种惊喜。做的太多或者不协调都是一种遗憾，他不露痕迹，却很高明。

我们的设计就包含了我们的日常环境，我们要以一种崭新的眼光重新审视我们的日常和我们周遭的环境，就好像它仍是未知的一样。技术会带来新的可能，但它只是一种外因，并非创造本身。我们要思考的是在外因的环境下能够做什么、目标是什么、能够实现的是什么。

在日常生活中培养学生的审美情趣，在我们司空见惯的周遭的一切去寻找美、发现美、表现美，这便是我们的课程设置所希望达到的目的。当我们轻轻地将手肘撑在桌子上，托着脸来看这个世界时，眼前的一切似乎也会随之有所不同，我们观看世界的视角与感受世界的方法可能有千万种，但只要能够有意识地将这些角度与感受方法运用到日常生活中，这就是设计。

自然界中存在很多物体，如一片落叶、一艘帆船、一颗石头，学生可将这些自然的形态进行分析、解构，从中建立起某种形态的独特构成方式，从而获得设计的灵感。先是通过讲解，图片的导入，展示在我们的日常生活中随处可见的绘画用具，教室里到处散落的瓶罐杂物，以及我们在正午时看到的阳光洒落在建筑上的光影，寝室里我们看惯的自己的物品，还有我们再熟悉不过的三点一线的校园道路，所有的一切都将是我们寻找美的开始，都是我们创造美的第一手资料，我们通过观察赋予它原来的样子，经过我们的表现它便是有“生命”的个体。我们运用不同材质、不同质感的物象来表现它的某种“情态”。我们分别赋予它们具有生命力的物象表达。不同的褶皱、不同的材质、不同的摆放、不同的结构，每一个人通过自己的眼睛，自己的心灵去感受，即便是同一个物体也将会呈现出不一样的状态与表现形式，这便是我们赋予它新的生命与存在的意义。

我们通过不同的物体所形成的某种情态特征，获得心理上或是感官上的视觉感受。我们设定好三种情态来帮助学生选择：褶皱情态表现；肌理情态表现；透明物体情态表现。即我们通过物体所呈现的状态，分别利用不同的情态来表现学生对物体的自我理解与解读，再现学生眼中熟悉的物体的另一种可能的形态。

将日常生活中随处可见的事物重新拾来，通过仔细观察，重新组织单个物体，或是局部，也可将多个物体放大、夸张，赋予其某种情态语言。在这其中，需要努力感受事物提供给我们的感官刺激，将它转化成一种情感、状态，再以素描的形式表现出来，使学生建立起自我创新意识。

二、实例分析

1.情态表现

在生活中，很多物体都会让我们产生某种情愫，不管这个物体对于你来说是陌生还是熟悉的。这种情愫的产生可以分为很多种，比如，当你看到堆积在一起的床单时，你会通过它自身的褶皱纹理而产生联想等。我们和周边的物体或多或少都会发生着一种情感，我们将对物体的这种情感表达并以绘画的方式再现出来。这幅作品运用非常细腻生动的表现手法，将作者观察后形成的静态美感呈现出来。同样的物体经过不同人的解读，都会呈现出不一样的画面效果（图3-5-4）。

图3-5-5作品本身很具有表现上的特色，将物体塑造成自我感知的一种质感，是在相对尊重客观实物的基础上赋予其独特的情态感知方式。

图3-5-4　物象解析表现　史景瑶

图3-5-5　物象解析表现　刘子润

结构是表现事物情感的重要空间元素。我们从物体结构中获得情感要素，从建筑结构中获得对建筑的体验与感知；通过视觉与知觉来感受复杂环境传递给我们的信息，通过阅读来体会空间带给我们的心理感受。

2. 褶皱关系

褶皱是认识不同肌理的物体带给人们不同心理感受的最直接的表现形式。通过褶皱的走向、疏密、节奏形成独特的线条关系与具象的表现手段。这幅作品通过对石膏材质表面所形成的褶皱形态进行塑造与分析，较为客观地再现了褶皱关系所呈现的视觉感受（图3-5-6）。

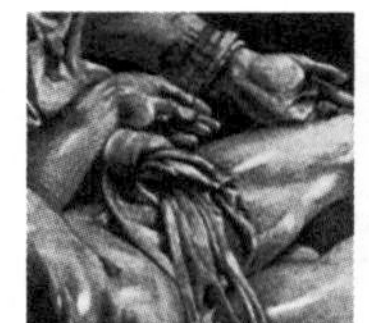

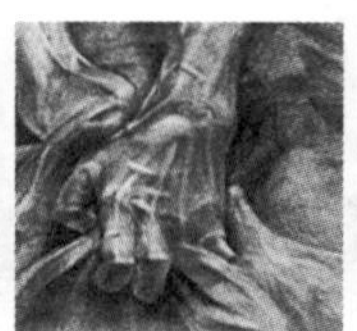
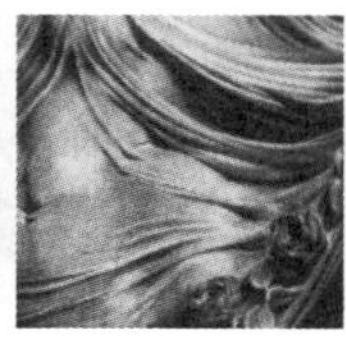

图3-5-6　物象解析表现　田致远

从身边所有能够接触的物象中去发现“美”，是此课程的一个主要目标。我们生活在早已经习惯的环境周围，每天都会看到早已不被我们关注的物体，如一顶帽子、一袋零食，以及秋天堆积在路边的树叶。在忙碌的时间里稍作停留，你就会发现不一样的美丽。图3-5-7作品既对画面进行写实的刻画，又不失自我感情的流露。这不仅体现在所描绘的物象上，也体现在物象之间形成的某种情态语言。它可以表达沉默，可以释放快乐，也可以讲述一段故事。

图3-5-7 物象解析表现 杨静恬

建筑的褶皱可以表达建筑的性格，可以呈现建筑形体比例与人之间的相互关系。通过体块的穿插、扭转形成别具一格的建筑风格。弗兰克·盖里设计的布拉格尼德兰大厦就充分展示了建筑独特的性格魅力（图3-5-8）。

图3-5-8 布拉格尼德兰大厦 弗兰克·盖里设计 1992～1996年

3.意识形态

我们对事物的认知，往往建立在传统的认知基础上。然而，任何事物的发展都离不开更新与创造，这就需要我们的意识形态随之发生改变。这种改变并不是对原有的否定，而是通过转换一种思维、思考的方式来获得（图3-5-9、图3-5-10）。

传统的意识形态会决定固有的思维方式。建筑作为一种艺术形式，不再只是满足于传统视觉下对于建筑形式的认知。公共艺术的审美理念融入建筑设计中，从而形成

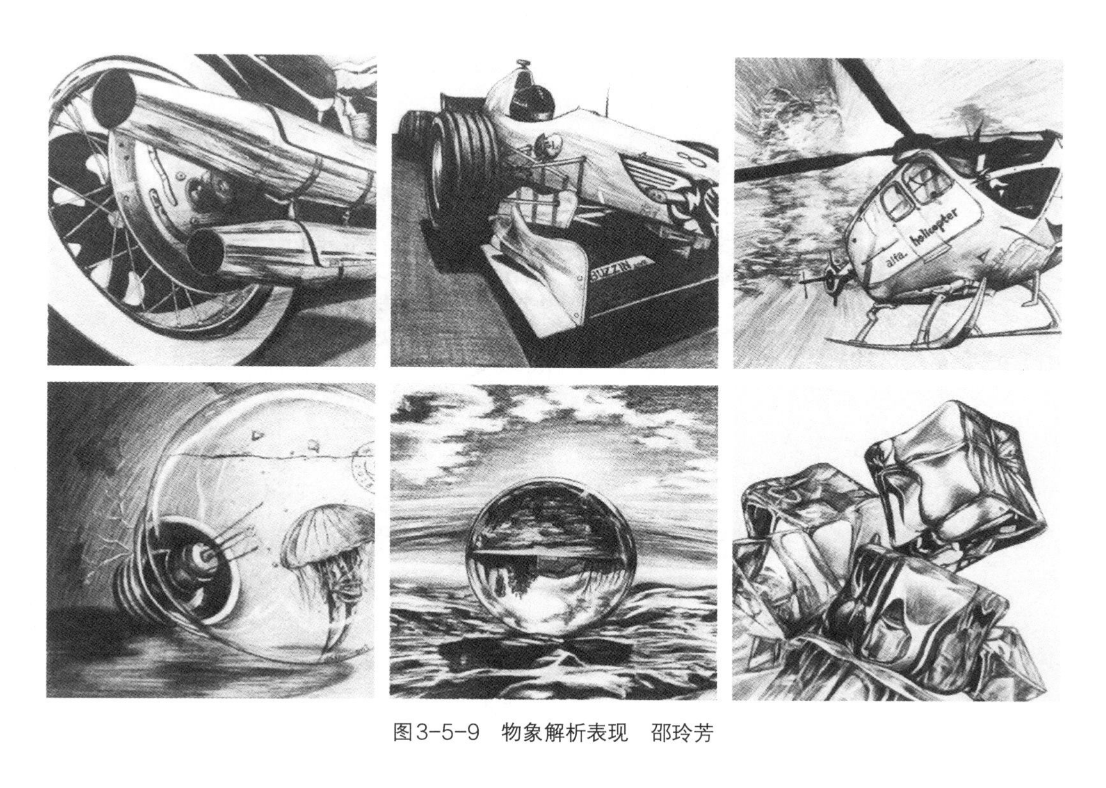

图3-5-9 物象解析表现 邵玲芳

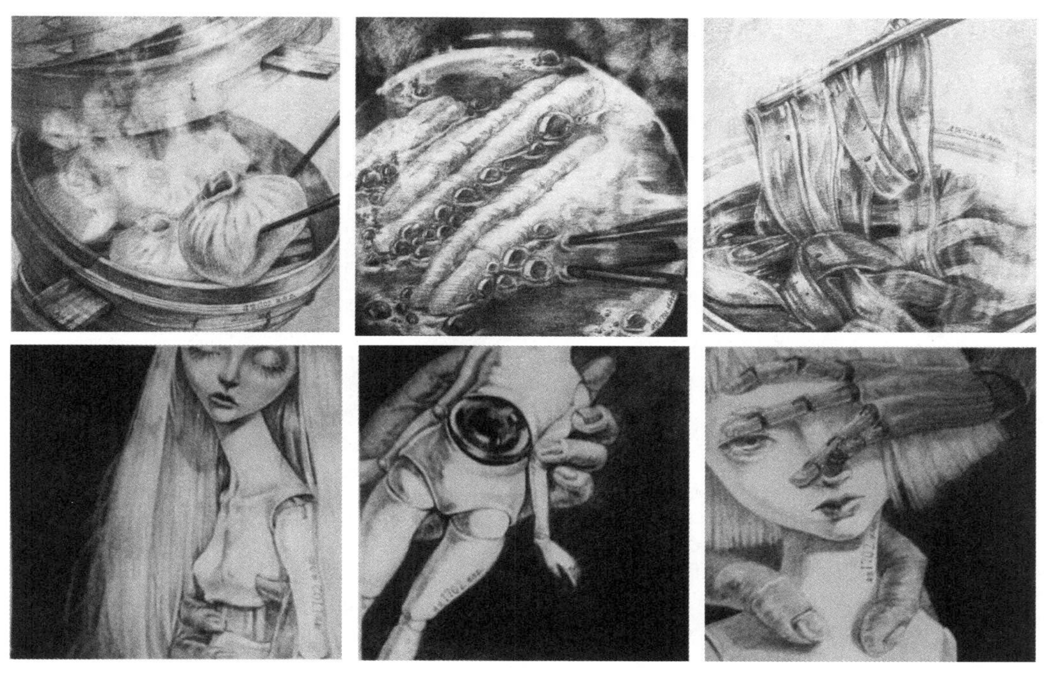

图3-5-10 物象解析表现 张诗淼

和谐的艺术化空间。澳大利亚约翰医学科学研究院，将多米诺骨牌融入其中，在丰富建筑空间层次的同时，提升了建筑的艺术性（图3-5-11）。

图3-5-11　澳大利亚约翰克汀医学科学研究院　Lyons建筑事务所　2009年

4. 构成设计

构成无论在哪个课程设计中都作为重点强调。因为画面构图的好坏直接影响到学生对于美的认知。图3-5-12作品从生活中来，观察你所看到的，描绘你所认知的、原本熟悉的事物。经过再度观察、再度理解，阐释它不常见的存在状态，将感知与新的视觉形式融为一体。

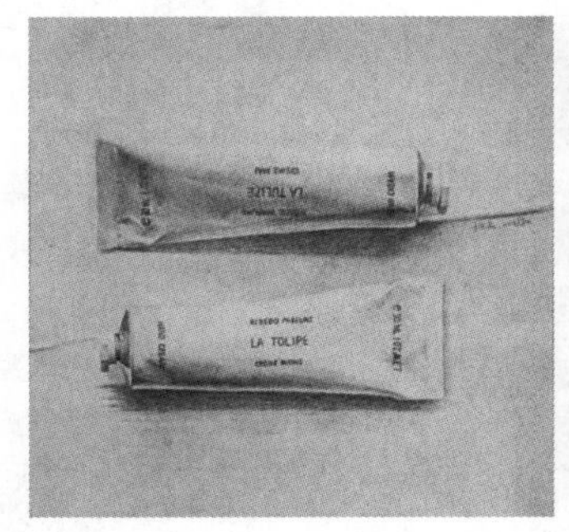

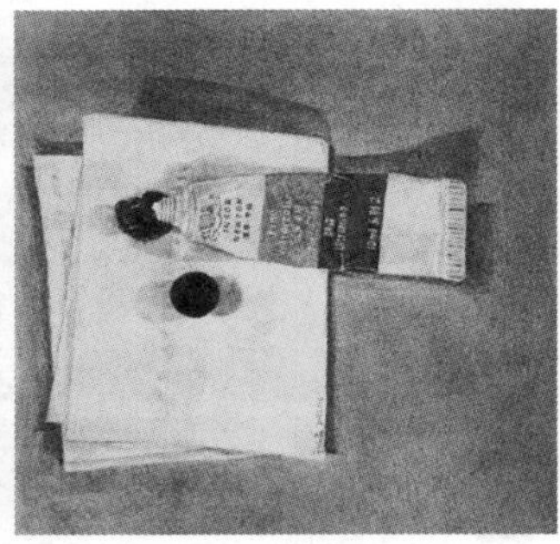

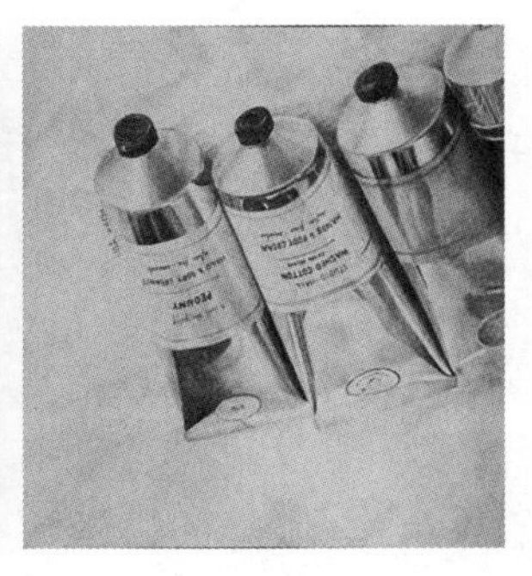

图3-5-12　物象解析表现　于欣淼

构图的特别在于设计，在于对画面的总体关系的把控，如果构图处理得好，则为画面锦上添花，如果处理的不合适，再精细的作品美感也会损失近半（图3-5-13、图3-5-14）。

建筑空间中会形成一定的构成秩序。利用比例关系来控制空间中的构图是建筑师柯布西耶常用的手法。他从自然物体入手，研究它们的形式美，他认为自然中的形式美是符合数学与几何规律的，并探索形式美学的比例关系，利用直角的控制线来绘制图形的位置（图3-5-15）。

图3-5-13 物象解析表现 崔钰婷

图3-5-14 物象解析表现 谢碟

图3-5-15 朗香教堂 柯布西耶

第六节　体会周遭事物——具象表现

一、课程分析

建筑形态的灵感来源于哪里，建筑师是以什么样的雏形来最终确定某种新形态意识的建筑形式？我们日常生活中存在很多自然形态的物体，很多物象的设计灵感都来自我们的生活，如一片落叶、一颗石头、一艘帆船。自然界的形态多种多样，他们都能成为我们设计的灵感来源。我们就以生活中的自然形态为观察点进行分析、解构，在剖析中建立某种形态的独特自我属性，其过程或许就是设计灵感的来源。通过不同材质的体验与再创造，研究物体的物理特质与在审美创意中的体现。

创意素描的表达不仅意味着创造出新的事物，而是在已有物象中选取，通过自己的理解，重新组织物体的存在形式，通过自己的语言重新再现事物。它打破了物象原有的视点、透视等多种限制，通过抽象的思维方式，如打散、逆向等思维方式来重新组织逻辑思维空间，从而达到创新创造的目的，如反置设计，置换设计，贯穿设计等。

懂得了欣赏，就希望能够把美记录下来，学生用什么样的方式去呈现眼中所发现的美，学生眼中的美是否为大众所认可，是否具有美的意识，其中包含了一种创新思维的过程。因为事物是千变万化的，自古以来，审美的标准也发生着变化，从司空见惯或是平常的事物中寻找到它的美，便是一个自我意识与创新思维提升的过程。具备了主动的、另眼看世界的能力，也便具有了设计创意的能力；当学生寻找到了有关艺术的因素，用自我独特的方式解析、诠释它的意义，重新定义它的内容，这便是学生的再创造；学生所有的设计都源于再创造，当学生赋予它新的形式与内涵，提炼全新的语言，进行归纳总结，创造出特有的表现形式时，学生就完成了创造的过程，这也是学生学习设计的目的。

该课程的主要特色在于寻找、发现、表现。从我们在周遭的事物中寻找，随手丢弃的“垃圾”，成为手中可塑造的作品时，它原来的形态和存在的意义在画笔下慢慢发生着变化。更换一种全新的视角，转变思维方式，我们就会创造一个难以置信的视觉轨迹。

二、实例分析

1.具象表现

具象表现是将物象客观真实地再现出来。但如果只是单纯的刻画，缺少了塑造的动力与画面的表现力。所以该课程对于物象的选取（构图）以及表现方式（材料）与学生做了反复深入的探讨与研究。物象的选取都是学生用自己的视角观察、拍摄到的物象，绘画的过程中也做了主观性处理。画面的形式感强，节奏关系合理，生动且细致地把丢弃在角落里的自行车客观地表现出来（图3-6-1）。

图3-6-1 具象表现 田致远

建筑形体的设计要整齐、简洁、有序，又不可过于单调、呆板，这样才能使人感受到建筑形体既丰富又不杂乱无章。建筑形体的稳定是在静态的平衡中追求的一种平稳、均衡的关系，也可以在某种态势中寻求具有方向性的动态平衡。如美国的肯尼迪国际机场候机厅，体现了一种静中求动的建筑形式美感（图3-6-2）。

图3-6-2　美国肯尼迪国际机场第五号航站楼（现为TWA酒店）　埃罗·沙里宁　1962年

2.形态分析

从物体的外在形状、内在情态中开始观察，进行分析，利用其自身质感的特点来表现，设计好构图，建构起物体存在的形态关系。很多的垃圾被随意丢弃在纸箱里面，基本没有人会注意它们的存在，也不会想到去描绘它。图3-6-3作品视角独特，构图大胆，且能够自如地把握好画面的组织构成关系，安排得体有序。

麻绳是一种很难寻找到其自身规律的物体，更不用说去寻找其内在的逻辑关系。图3-6-4作品对于麻绳婉转折叠的关系有自己的思考和想法，所以在表现中有明确的表现语言和逻辑秩序关系。

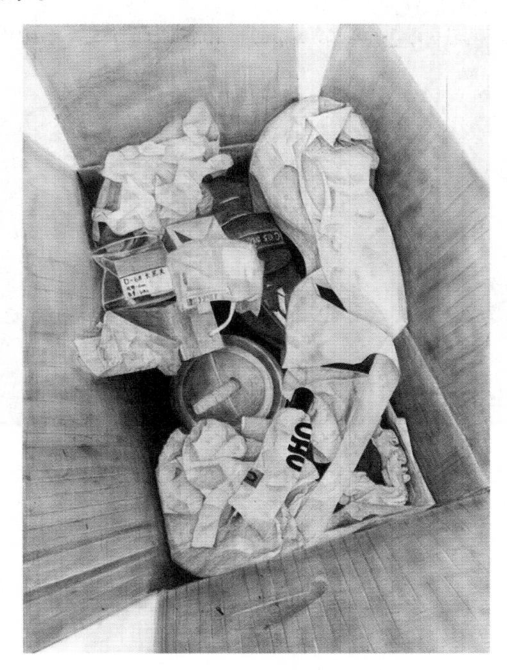

图3-6-3　具象表现　王若文

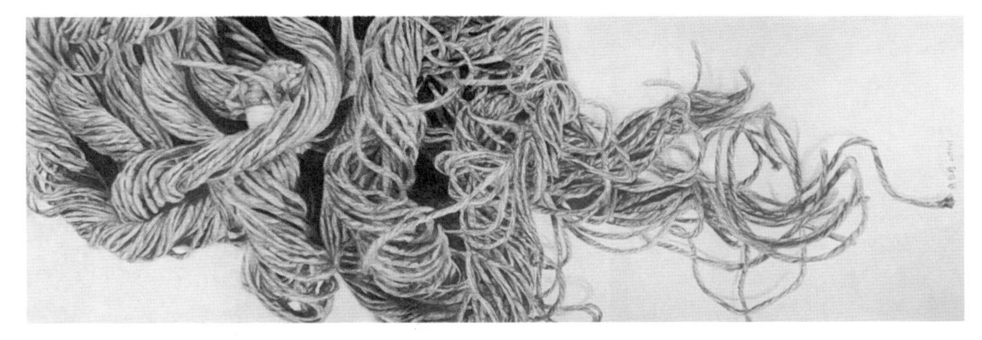

图3-6-4 具象表现 许怡婷

图3-6-5作品的难度非常大，所描绘的物象具有两层透明关系，且又是在白色底板上。透明的小药瓶一半散落在外面，一半存放在塑料下，作者将两种透明形态的物象刻画得细致入微，看似杂乱的小瓶被安排得井井有条、张弛有度、设计合理，是一幅非常优秀的作品。

图3-6-5 具象表现 蔡资潇

拉斯姆森曾经说过："如果一个建筑师希望能够造成一种真实的体验和感受，他就必须使用和结合那种能够留住观者并使其主动去观察的形式。"[1]设计师要以观者的身份进入空间进行感受时，是将情感转移到客体中形成情景交融的审美效果。

3. 节奏构图

在貌似凌乱烦杂事物背后往往隐藏着我们不曾注意的"美丽"，它就是生活中你所渴望得到的有关艺术的所有联想。图3-6-6作品有组织、有结构、有秩序地构建复杂的画面关系，使每一处的褶皱处理得松紧有度，韵律感十足，黑白灰关系错落有致。

图3-6-7作品作者通过对火车形式上的再现，将自己对于它的综合性表现融入其中，并加入联想的因素，有过去已逝的时光，有奔向未知的未来。表现静止是容易的，但是如果要把观者带入作者的"时光穿梭机"中恐怕要下一番工夫才行。

具象表现课程不单单是将所观察的物象客观地再现出来，而是将其排列顺序、空

[1] 王星航. 建筑空间体验设计[M]. 北京：中央民族大学出版社，2020：57.

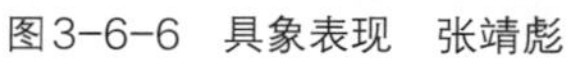

图3-6-6 具象表现 张靖彪

图3-6-7 具象表现 向彦

间组织结构以及形式重新进行梳理，通过作者自己对其主观的理解，重新阐释出来。图3-6-8作品的形式感强，在不同质感的物象中表达了独特的视觉语言。

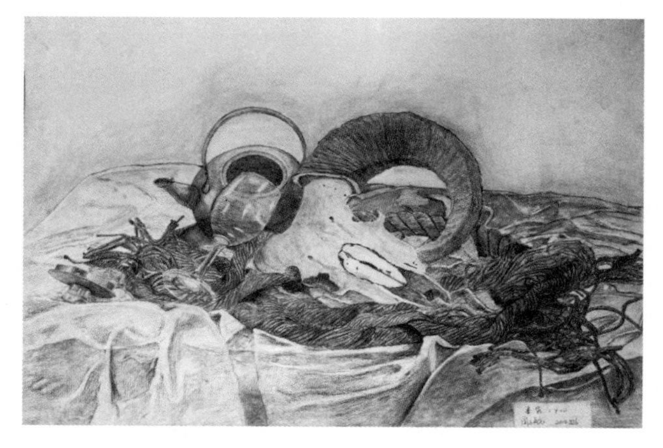

图3-6-8 具象表现 周子航

规矩的构图，已经使学生的视觉产生了疲倦。将画面的尺寸缩减到原来的一半，促进学生思考在有限的面积中寻找可以表现、或是更适合表现的物象。构图在绘画作品中占有非常重要的地位，在画幅上的改变，是用更直接的方式告诉学生，构图是如何改变我们的观看方式和表现形式的。每一组物象的安排似乎在这长方形的画纸上增加了很多思考的元素，同样的表现如果换个构图，就会发生很大的变化（图3-6-9）。

艺术创作本就应该紧跟时代脉搏，这才能使艺术作品活起来。疫情改变了这一届的学生上课的方式，改变了我们的生活，也改变了我们观看世界的方式。平时，我们并不在意的东西，如今变成了生活中的必需品，我们似乎要重新审视一下，我们到底需要什么，我们又能创造出什么？图3-6-10作品从我们关注的社会问题入手，提出问题，让我们产生了对它的思考，这就是艺术作品该有的样子吧。

图3-6-9 具象表现 邱婧怡

图3-6-10 具象表现 李舒婷

艺术的发展紧跟时代的步伐，公共艺术的多元化、大众化的趋势正向着城市建筑空间渗透与融合。它通过表面设计、空间组合、材料质地等方面，使建筑与艺术融为一个有机整体。

4.表现方式

具象表现的方式有很多，鼓励学生尝试艺术表现的多种可能性。在画面的构成中，将蒙太奇的手法介入其中，打散物体原有完整的形态关系，重新组织画面。将一个或者多个物体通过不同角度的观察，经过重新组合，再建新的画面关系。在蒙太奇的画面构成中，使原本的呆板画面变得生动有趣，画面产生具有虚幻的空间形式关系（图3-6-11）。

文化代表着城市的灵魂和内涵，是一个城市对外展示的重要窗口。地标性建筑作为城市公共艺术，将城市建筑与艺术有机地融合在一起，通过公众的体验与互动，感受着城市空间带给人们的独特文化情怀与审美情趣。

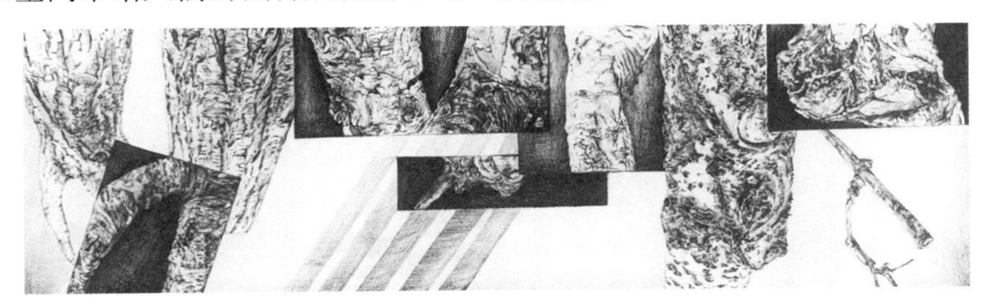

图3-6-11 具象表现 杨彤

第七节　材料的衍生与表现

一、课程分析

拼贴通常认为与20世纪初的现代主义有关，我们现在可以轻而易举地自由组合、混合或是嫁接理念、结构、材料、图形等，它冲击着原本稳定和谐的、规整的世界。如今，我们打破所有的固有思维，努力改变着，并非为改变而改变，而是为了观看，设定了多种可能性的尝试。当代艺术家们不再害怕揭露隐藏在完美形式背后的真实。作品不只制造形式的完美，而且破坏、拆除这种完美，他们的美好或许就在幻想的背后。柏拉图曾经说过：这个世界原本是一个洞穴，我们所看到的事物只不过是真实世界的影子。艺术形式的完美其实原本就是幻觉，是艺术家对平淡无奇、一团乱麻似的现实生活的审美提炼。[1]

梵高和保罗·高更（Paul Gauguin）与现代艺术家的区别在我们看来未必是他们的作品表现与我们熟悉的世界的差异，而是一种观念、一种意向。在印象派时期，艺术家们还在从个人的情感出发来表现我们所熟悉的这个世界，他们变换着色彩，改变着形式，体验着自我对于世界的理解。而现代艺术家则是把他们的想法强加于这个世界，他们没有明确的规则，没有理论的支撑，或许他们同时也否定着自己作品的意义。正如瓦西里·康定斯基（Wassilly Kandinsky）相信一件艺术作品中最关键的要素是形式：线条与颜色令人愉快的布局，它们除了提供审美体验之外，不为任何目的而存在。[2]

艺术家在进行艺术创作时，可以使用任何对他们创作有用的东西。受到这些多样式的创作方式的启发，当他们再进行自己的艺术创作时便不再使用单一的材料，如坏了的笔杆、厚纸板的边，甚至是一个破水桶——只要是触手可及的东西，都可以拿来作画。

我们讲到的毕加索、布拉克就是利用旧报纸、墙纸等材料制作粘贴画，突破了绘画的平面性，扩展了绘画的维度，开创了“废品艺术”的先河。“现成物体”“拾来物”

[1] 黛布拉·德维特，拉尔夫·拉蒙，凯瑟琳·希尔兹．艺术的真相[M]. 张璞，译．北京：北京美术摄影出版社，2017：416–418.

[2] 康定斯基．康定斯基论点线面[M]. 罗世平，魏大海，辛丽，译．北京：中国人民大学出版社，2003：总序．

是杜尚艺术的重要内容，他提出观念艺术的主张，即一件艺术品从根本上来说是艺术家的思想和观念。学习艺术不应该只是去实现二维平画的创作，在这过程中你可以去“玩耍”，要把它当作一件有趣的事来做。我通常也会告诉学生们，不要把学习画画当作一件严肃的事情，你应该享受在其中，尽可能地发挥你的想象力，玩在其中，让它变为一种乐趣，你才能做好它，那么你的作品也一定是有情感的、不做作的、有感召力的、独一无二的作品。

我们认识物体是从形状中获得直观感受，我们对比物体的大小、厚薄、宽窄、多少、直线与斜线、垂直与水平的关系。形式由多种材料组成，我们对材料的探索，通过新秩序的组合创造出新的艺术形式，这需要我们耐心地体验。建筑师需要在实践中体会对材料的感知，通过触觉、视觉与表现来完成作品。伊藤认为：“艺术在我们所有人的心中，或者说人人都是艺术家，因为人人都需要交流、秩序和美，尽管方法不同，大多数人之所以没能成为艺术家是因为被动地接受我们看到和听到的东西，实际上他们已失去了看和听的能力。”只要你真正关心你周围的生活环境，艺术就存在于你的生活中，这样它就不仅仅是躺在美术馆橱窗里的雕塑或是一件瓷器。

美术课不是教你如何去画，而是教你如何去思考，如何去创造，如何改变观看的方式。

材料在当代艺术中已经成为一种独特的语言，使得创作没有特定的边界，本课程与其说是对材料的利用，不如说是对材料的重新解读与发现。我们试图引导学生尊重并观察身边的一切材料，探寻材料本身的艺术特性与视觉属性。信息时代使我们的生活变得更加便捷，但却使我们丧失了表达与发现的能力，缺少互动与情感的认知。我们想利用对熟悉材料的感知，展示我们对周遭事物的理解与个性的描述。积极地与世界对话，在似乎“废弃”的物品中挖掘出新的信息价值，并试图建立近乎有序的画面关系。材料是中性的，没有高低贵贱之分，重要的是我们如何给予材料合适的形式让作品表达情感。

（1）材料的选择是比较随性的，可以收集任何你感兴趣的材料，如木板、线团、纸卷、毛发、烟头、橡胶、电线、石头等任何材料。研究材料的特性，以及它所能呈现的物化表现形式。其中要考虑到选择该材料的必要性，是否可以被替代等因素。将它的物质状态与形式，加以利用，运用空间构成的手法，根据自我的排列与组合，重新将它们拼贴在一起，要求作品具有独特的语言与创新性。

（2）探求画面的多重构成关系，在和谐中寻找对比与统一。任何形态的对比都是在特定的主题与内容下形成的相对对比的关系。比如，形态的对比、材料质感的对比、面积分布的对比、构成语言的对比等。当对比作为一种表现手段时，我们就需要从中去平衡好画面和谐统一的关系，通过不同的材料成就彼此。

看似最为普通的物品，经过角色的转换，得到重新定义的机会，可以让我们获得一种全新的思维理念。在这里，最主要的是观察方式发生了根本性的变化。“美”与“丑”似乎天生就是对立的，但在我们眼里，美与丑的界限被打破了，评判的边界也模糊了，表明我们探求的看待事物的观念正在发生变化。

在新制定的培养目标中，我们明确了教学的基本目的与任务。也就是我们的课程要求不仅仅是技术与方法的训练，更大比重的是将思维引导与动手能力相结合，以此作为课程设置的重心。

在教学中以启发式的引导为主，尊重主体的选材与想法，引导性地调动学生的思路，从静态思维到动态思维，从构造的想法到具体的操作。以引导的方式使学生们获得观察物象的能力，用动手制作的形式来完成课堂上互动的教学内容。学生们寻找、探索不同的材料，再拿到课堂上与老师一起探讨自己的想法与创意，老师根据每一位同学的不同立意反馈给同学们自己的想法再使其进行改进，最后完成作品。利用“废品”来完成对“艺术”的解读与个性化的认知。此课程的主要特点在于过程中的相互交流，学生提出想法与方案，老师根据每位同学不同的想法，提出更加合理并且有审美意向的引导，在交流中迸发出新的视角、新的发现、新的思路。

二、实例分析

1.材料

对于材料的认知是建筑学专业学生认知艺术形式重要课程之一。不同材料的选择会对人产生不同的心理暗示和情感变化，我们可以通过触摸感知，也可以通过视觉来感受，将不同材质的物体通过构成关系粘贴在一起，体验材料表达与传递的情感（图3–7–1）。

图3–7–1　NO.1　钱宏昌

图3–7–2作品运用了多种材料，作者充分发挥了自身的想象力来描绘一个相对具象的形象，材料丰富又形成统一的美感，手法表现得体且自由。无论选择什么样的材料都可以构建画面，这更能考验学生对于材料特性的把握与运用（图3–7–3）。

建筑空间的营造离不开对材料的运用与把

控。了解不同材料对人的感官产生的不同感受，才能更充分展示空间的多样性与丰富性。每一种材料都拥有自己独特的气质，建筑师只有充分挖掘，把握它们的特性，才能创造出富有个性的建筑。

图3-7-2　游泳的鱼　张诗淼

图3-7-3　星光　黄琳艳

2. 艺术形式

图3-7-4作品形式语言突出，视觉冲击力较强，作者从构思到完成，期间做了大量的调研与收集工作。在食堂通风处、卫生间、连廊处收集各种烟蒂，将它简单处理，然后又将其按照不同比例以及色彩分布的范围精心布置上去，虽然材料单一，但表现语言却不简单。

建筑表面本身就可以构建艺术形式的美感。随着功能与审美观念的改变，建筑表面的形式也向着多元化的方向发展着。它不仅是建筑外观形式最直观的视觉语言，同时以一种开放式的姿态迎接着前来观看与参与互动的广大群众。

图3-7-4　戒　于晓康

3. 再创造

探索材料是一件很有意思的事情。最开始的时候，同学们并不知道在他们看来没有用的东西有一天也可以用来作画，他们从开始的惊讶到好奇，再到娱乐性地随意摆放，这个过程恐怕是他们之前没有经历过的，原来作业也可以这么愉快的完成。但是，很快他们开始意识到，这样做不好看，或是这样的表现有些单调等，不同的材质总会给人不同的心理感受、不同的精神暗示，而这种情感是相通的。在对画面的组织过程中，学生们渐渐意识到了构成，意识到了变化，意识到了可以表达的情感，感知了材料对于人心理的影响。艺术本就没有明确的边界，重要的是以什么样的方式去观看，他们的作品是对材料生成的探索，改变他们对以往事物的认知方式，是此课程的最终目的（图3-7-5～图3-7-7）。

任何艺术造型形式都是由点、线、面在不同角度上的运动、变化所形成的。形是空间构成的基本要素，建筑空间的形在建筑造型中发挥着各自的表情，表达着建筑的性格与情感。

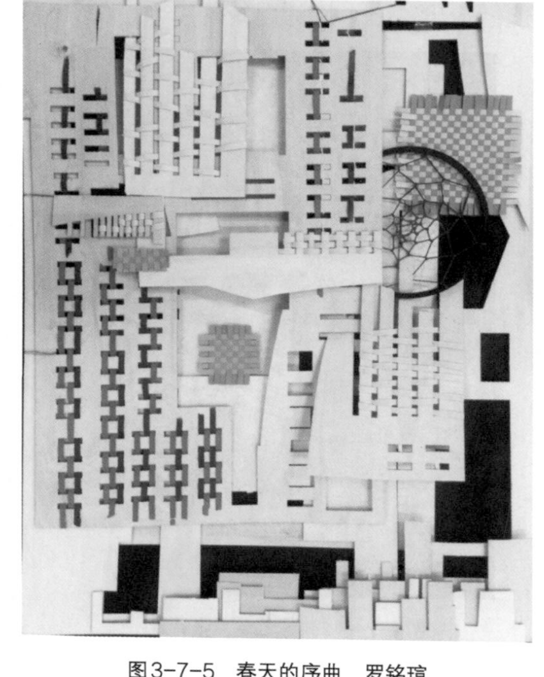

图3-7-5　春天的序曲　罗铭瑄

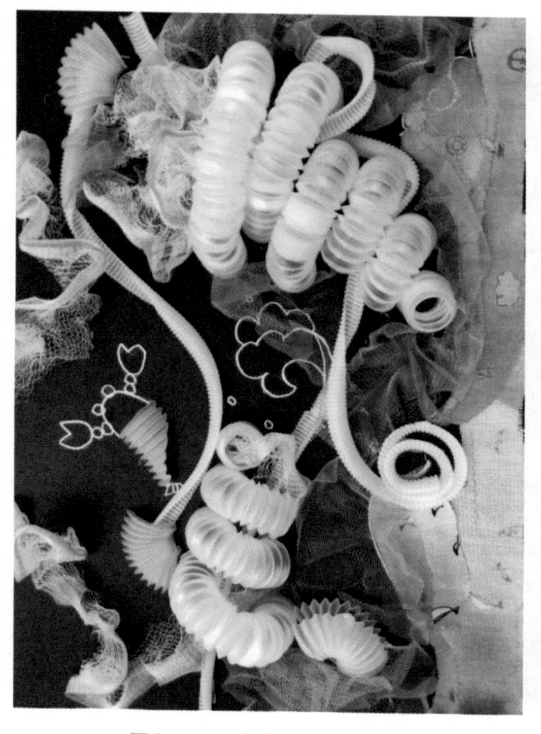

图3-7-6　海底世界　张雪菲

图3-7-7　永恒　张喆

第四章 综合视觉训练

课程名称： 综合视觉训练

课程内容： 1. 具象表现

2. 离我们最近的抽象画

3. 当艺术介入空间

课程时间： 64课时

课程介绍： 该课程是一项全新的实践性课程，将课程设计化、个性化、实践化。通过具象的表现方式，呈现非客观性的画面效果与主观表现意识。通过向逆向思维的转变，逐渐从客观再现事物中抽离出来，了解抽象艺术的本质与精神内涵，建立独特的平面创作意识，从而将平面再转化为空间，将艺术形态在空间中进行延展与扩充，实现艺术介入空间中的应用。

第一节　经典作品解读

马塞尔·杜尚对20世纪的艺术产生了巨大的影响，英国波普艺术家理查德·汉密尔顿（Richard Hamilton）对他做了最精彩的总结："由杜尚生发出的所有树枝上都结出了硕果。他一生的影响力是如此的广泛，没有任何人可以声称继承了他的衣钵，没有任何人像他那样涉猎广泛，也没有任何人有他那样的约束力。"他一生致力于艺术的创造，他的艺术更多是一种智力的而非视觉的艺术。他对艺术真正本质的追问，最初表现在《下楼梯的裸女二号》（图4-1-1），他利用立体主义的块面分割手法来表现"静止地再现运动"，他在回忆这段时期的时候曾经说："我已经完成了立体主义和运动的结合——至少是动感和油画的结合，绘画的所有过程对于我来说已经是无所谓的事了，绘画中已经没有什么让我感到满足的东西了。"从1912年起，杜尚就决定不再做一个职业意义上的画家，他意识到，所谓激发创造力的艺术实际上并不能改变人，那只是一个美丽的幌子。艺术只不过是人类生存中的无数活动之一，和其他活动没有什么两样。他认为艺术不应该凌驾于人类的其他活动之上，便刻意抹杀艺术的崇高地位，用轻松玩笑的方式把艺术嘲弄个够。[1]

他将艺术变成非艺术的观念影响了整个西方艺术发展的方向。他把画尽可能地画得不像传统的绘画，把机器的形象和机械的描绘手段引进绘画之中，但他并不是为了表现机械的美感，而是为了用"理性"的机器来排挤绘画中的"感性美"，让绘画变得不像绘画。他用了8年的时间来制作《新娘甚至被光棍们扒光了衣服》，亦称《大玻璃》（图4-1-2）。这张作品从1915年开始创作，他用玻璃来代替画布，作品看上去更像一张机械制图，它完成了对所有美学的否定，为此作品他还配有一个关于画面的笔记《绿盒子》，让观众通过画面去读文字，又通过文字了解画面，他将智力与视觉结合起来，而不对自己做任何的"定义"。

杜尚最有名的作品是1917年参加美国"独立艺术家展览"上的作品《泉》——一个签了名的小便池（图4-1-3）。"独立艺术家协会"，这在当时的美国已经是一个非常前卫的组织，是由拥护现代艺术的美国艺术家们组成的，而他们的宗旨就是要解放思

---

[1] 皮埃尔·卡巴内．杜尚访谈录：插图珍藏本[M]. 王瑞芸，译．北京：中国人民大学出版社，2003：5.

图4-1-1　下楼梯的裸女二号
（马塞尔·杜尚，布面油彩，1912年，费城艺术博物馆）

图4-1-2　大玻璃（马塞尔·杜尚，玻璃上油彩金属薄膜灰尘清漆，1915～1923年，费城艺术博物馆）

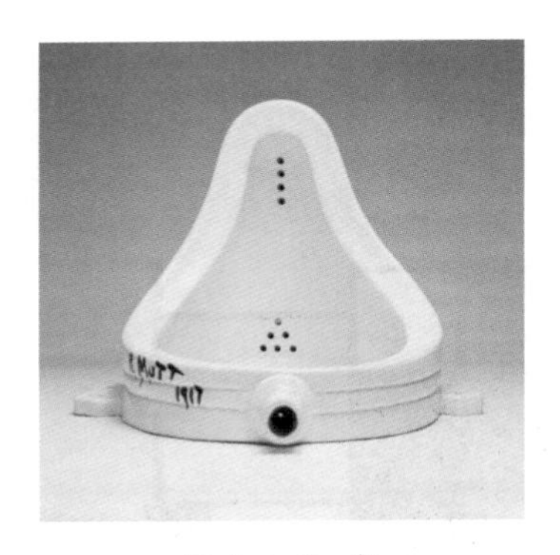

图4-1-3　泉
（马塞尔·杜尚，1917年）

想，扶持新艺术。但是杜尚的作品还是超出了他们对现代艺术的理解与接受限度。这件作品被拒之门外，作为组委会之一的杜尚也退出了该协会。但是这件作品在后来的艺术界成为人尽皆知的作品。后来杜尚解释说，这件东西是不是麦特先生自己做的并不重要，关键在于他选了它，并把它放在一个新的地方，给了它一个新的名字和新的观看角度，它原来的作用消失了。由此，杜尚提出了一个问题——什么才是艺术？艺术可以是随便的什么东西，艺术品的价值在于它能够引发观者的思考，作品表达的思想才是最重要的，也就是观念才是最重要的。他认为，艺术可以是不美的，甚至是非艺术的，艺术是有限的，而非艺术是无限的。之后，描绘一切琐碎平凡之物的波普艺术产生了，超越平面绘画限制的装置艺术、环境艺术产生了，以行动为主题的偶发艺术、身体艺术、行为艺术产生了，以自然为对象的大地艺术产生了，西方艺术的后现代时期可以说是在杜尚的思想上发展起来的。

构成主义应当理解为20世纪初期现代主义中的一场运动，而以几何为基础的大胆抽象则是其最主要特征，他们试图创造一种以科学为基础的通用感觉语言，而这种语言可以超越因战争引起的文化、政治、经济上的分裂，他们希望寻求一种普世的审美观，可以统一视觉艺术的一切形式。他们认为，艺术在现代社会中扮演着社会性的角色，一切艺术的融汇依赖于艺术家和设计家的同理合作，坚信技术和设计有潜力形成以抽象形式为基础的生存环境。这种以严格理论为基础的艺术倾向于纯粹性、逻辑性、均衡感、比例感和节奏感。

彼埃·蒙德里安是第一次世界大战期间几何抽象演变过程中的主要人物，他不但影响了抽象绘画和雕塑，也影响了建筑中的诸多形式。他意识到在造型艺术中，对于现实的表现只能依靠形式和色彩的动态运动之间的均衡，他将色彩简化为主色调，再加上黑与白。利用垂直、水平线条结构与基础色彩达到动态平衡的关系，通过这种对立，均等地表现视觉上的统一，而这又进而表现了更高宇宙的神秘统一。他毕生追求两个词，一个是造型，另一个是色彩，造型表达的是色彩和形式的存在。

蒙德里安赋予作品物质与精神双重力量之间动态的对立平衡关系，这些理论来自神智学和19世纪哲学家黑格尔（Hegel）的思想。他认为新现实不是绘制出来的对自然的模仿，而是艺术家对情感浪漫式引发的思考。《色彩A构图》（图4-1-4）是他探索的另一种变体画，不同尺寸的平涂，时而松散、时而精确或各自浮动、互相重叠，制造出一种令人惊奇的深度感和运动幻觉感。❶

从视觉上观看白色和灰色很容易被认为是背景，而《有红、蓝、黄和灰色的构图》（图4-1-5）将线条进行延展，并切割色块使线条和色彩之间具有统一的力度因素，达到垂直与水平结构之间绝对而富有动态感的平衡，使画面富有一定的张力。

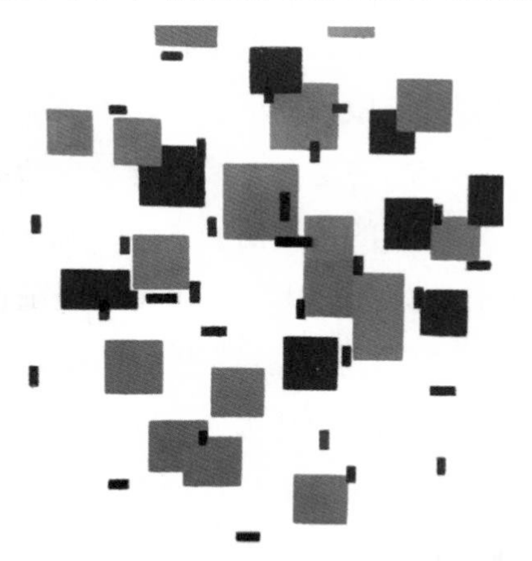

图4-1-4　色彩A构图（彼埃·蒙德里安，布面油画，1917年，克罗勒-穆勒博物馆）

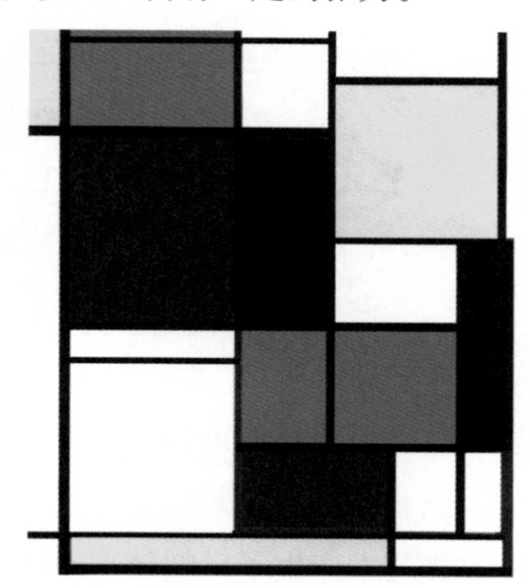

图4-1-5　有红、蓝、黄和灰色的构图（彼埃·蒙德里安，布面油画，1921年，私人收藏）

与其他艺术家相比，卡西米尔·马列维奇（Kazimir Severinovich Malevich）把立体主义的几何方法引向了最为极端的结局。《黑色方块》（图4-1-6）作为至上主义的象征

❶ H.H. 阿森纳，伊丽莎白·C. 曼斯菲尔德 . 现代艺术史：插图第6版[M]. 钱志坚，译 . 长沙：湖南美术出版社，2020：308.

性作品，是当时最为简洁、最不妥协的抽象绘画。他选择了一张2.5平方英尺（大约0.23平方米）的画布，将整张都涂抹成白色，而画面的中间画了一个巨大的黑色正方形，作品的名字作为实际意义上的阐述，也在向公众发出挑战，不允许他们在画作本身之外寻找意义。也就是告诉观者，没有什么可看的了，你们所需要知道的一切都在题目和画布里，他将万物减至无。他曾写道："在我绝望地企图将艺术从物体沉重的负担中解放出来的时候，我在方块的形式中找到了慰藉，这件作品除了白色的底上的一个黑色的方块以外，一无所有。"艺术家把至上主义定义为"创造性艺术中纯粹情感至上"。他认为其在道德、精神和审美上优于过去所有的绘画形式。马列维奇认为，对于观众来说，识别物体是一种负担，几何的抽象形象可以帮助人们从固有的政治思想、宗教和传统中解放出来，其中的部分原因是第一次世界大战对人们心理的影响。[1]

图4-1-6 黑色方块（卡西米尔·马列维奇，1915年）

在素净的画底上创造出如此简单的正方形，这是一种精神启示。这在绘画史上第一次证明了绘画可以完全独立于外部世界的反映或者模仿而存在。对于至上主义来说，客观世界的视觉现象本身是毫无意义的，而真正有意义的东西是"情感"。

但是这种"无"真的是什么也没有吗？他希望人们去思考白色边界与黑色方块的关系与平衡，感受颜色的轻盈与厚重，感受这极端静止的图像能够带给人们的活力、张力以及运动的感觉。他认为一切皆有可能，当观众走进他的画面的时候，总想弄明白，然后心里会困在一种挫败感中不断地循环，使得灵魂深处的潜意识像是被施了魔咒一样，就在这至此方寸之间寻找到宇宙中的世间万物。

如今看来，似乎像这样的画所有人都可以画出来，但是就当时艺术发展的时空内，他的作品是具有创造性与创新性的，在资本主义社会里经济价值取决于稀有的程度，从历史角度看，马列维奇的作品是独一无二的，而且对整个视觉艺术产生了深远的影响。

20世纪抽象艺术的两个主流艺术家，一个是马列维奇的硬边几何，另一个就是康定斯基的涂抹性表现主义。

[1] H.H. 阿森纳，伊丽莎白·C. 曼斯菲尔德. 现代艺术史：插图第6版[M]. 钱志坚，译. 长沙：湖南美术出版社，2020：241-243.

瓦西里·康定斯基在抽象与构成方面的实验对西方艺术的传播起到了非常重要的作用。他受到了马列维奇等构成主义的几何抽象的影响，《构图之八》（图4-1-7）中，硬边的图形占据了主导，几何形体在微妙地控制着有序的蓝色和黄色的背景，理性有序的结构暗示了和谐，图形对于他来说充满了内在的潜能。为了将他的理论能够得到更深刻的阐述，他在1911年《论艺术中的精神》中表达了神秘的神智学信念，认为精神是世界的本源，物质其实是蒙在真实世界之上的一层面纱，人们透过这层面纱才能看到精神的东西，其实现实中只有通神学的先知和真正的艺术家才具备这样的能力。他同样认为写实的艺术是没有未来的，是没有目的的艺术。真正能唤醒现在，并能预见未来的正是艺术中的精神。

图4-1-7　构图之八（瓦西里·康定斯基，布面油彩，1923年，古根海姆博物馆）

在他看来，色彩与形正是内在精神和谐的物质媒介，艺术家在构建画面时，主要取决于对物象内在生命的认识和内心的需要。而构成内在需要的也恰恰是色彩与形。色彩、形、线条构成了绘画语言的表现对象。他还将这种观念延伸到其他艺术形式上，相信音乐与绘画等艺术在内在层面上是相通的，认为色彩之于绘画正如和弦之于音乐。他确信听到色彩的声音或者看到声音的色彩，是有可能的事情。抽象艺术中的形式就凝聚着巨大的表现力量。康定斯基曾说："让我印象深刻的颜色是明亮的、强烈的绿色、白色、胭脂、褐色和黄褐色。有关这些颜色的记忆让我回到三岁的时候。我在不同的物体上看到这些颜色，在我的脑海中，它们不再只是颜色本身。"[1]

抽象是写实的另一个极端，写实是尽力地把事物的全部因素表现出来，而抽象则是尽可能地减少。古希腊时期的数学家曾经说过，世界的本质精神就是数字，把世界

[1] 乔治·布雷．伟大的艺术家[M]．谭斯萌，李惟祎，钱卫，译．武汉：华中科技大学出版社，2019：268-271.

的本原想象成各种符号、形状或色彩。当写实发展到一定程度就变成了超写实主义，就是在精细程度上挑战相机；而抽象走向极端就是零，就是没有。伊夫·克莱因就比康定斯基减的还要厉害，只剩下一种颜色了。

康定斯基作为抽象艺术的先驱，他向世人证明了，抽象作品可以无比丰富多彩。

伊夫·克莱因是新现实主义的核心人物。他所关注的是个人艺术作品创作之外思想的戏剧化，他的艺术的神秘基础将其作品与同时代的美国波普艺术家区别开来。他的作品《单色蓝》（图4-1-8）在1957年米兰首次展览时引发了骚动，他在画中用粉质的、刺眼的深海蓝色颜料覆盖整个画布，这幅作品没有丝毫显示艺术家作画的痕迹，还以国际克莱因蓝的名称为这种颜料申请了专利。对于克莱因来说，这种蓝色体现了统一、安详，也体现了"对非物质的再现，对精神的主权解释"。他甚至用不同的标价把每一件作品区别开来，以金钱手段肯定了量化审美经验的无意义性（图4-1-9）。

图4-1-8 单色蓝（伊夫·克莱因，复合板上棉布面合成聚合媒材干颜料，1961年，现代艺术博物馆）

图4-1-9 跃入虚空（伊夫·克莱因，丰特奈-玫瑰区，1960年10月，哈利·尚克摄影）

他让人拍摄他从巴黎郊区的一个窗台上一跃而下的照片，作为"在空中悬浮的实际表演"，照片经过处理，去掉了下面拖着的篷布，他非常迷恋飞翔或是自我悬浮。这是对传统的空间旅行观念的嘲讽，空间本身就是虚空，因此我们无须求索于天空，只需探求那环绕你我的空间即可，这种思想用克莱因自己的话来说就是"非物质化敏感"。克莱因对于精神内容的热情与蒙德里安、康定斯基以及马列维奇所倡导的极为相似，他是逆潮而行，坚持非个人性，把绘画或者雕塑当做物体，秉持物体终究就是物体本身的观点。[1]

[1] H.H. 阿森纳，伊丽莎白·C. 曼斯菲尔德. 现代艺术史：插图第6版[M]. 钱志坚，译. 长沙：湖南美术出版社，2020：502-503.

杜尚使艺术非艺术的主张在20世纪60年代的波普艺术中反映得最充分。他们将生活中的俗物放进艺术中，他们将杜尚的轻松幽默的艺术思想变成了一场声势浩大的运动。波普是让过去被摒弃在美之外的俗物变得美起来，他们都扩大了美的范围与概念。

第二次世界大战后，美国对于欧洲经济复苏推出的“马歇尔计划”中包括了一个文化项目，使得大量美国文化涌入其中，这便引起了20世纪50年代和60年代美国、英国艺术家们对于美国消费文化的关注，他们开始反思流行文化与艺术的关系，而艺术创作也出现了多种多样的方式和手法。波普艺术就是将广告、插图、Logo等素材剪下来拼贴在一起，用这样的作品来象征美国通俗文化带来的影响。波普艺术家恰恰关注的就是抽象主义者们所鄙视的赤裸裸的物质主义和大众传媒图像，他们就是想要把抽象表现主义所压制的彻底揭示出来，通过制作图像的讽刺手法，让任何走在街上的普通老百姓都认得出来。

安迪·沃霍尔（Andy Warhol）其实是一位成功的商业艺术家。他在早期就专注于广告和商业产品衍生出来的题材。他逐渐意识到，人们对于美的概念其实是跟着商业和消费的潮流不断变化的，与传统和现代没有关系。人们对于美的定义并不是跟随着某个主流艺术团体或是学院派，而是一种潮流。带着这样的反思，他开创了一种新颖的形式。他最为著名的《210个可口可乐瓶》就是在网格中不断地重复，就像是在超市货架或是生产线上摆放的样子（图4-1-10）。他在1975年的自传中写道：“一瓶可乐就是一瓶可乐，无论多少钱也不可能买到一瓶比街角上的游民喝的更好喝的可乐，美国总统喝可乐，明星也喝可乐。”他就是用这种大众的文化、消费的文化来打破传统的艺术的创作观念，让人们对艺术有了一个新的认识。

图4-1-10　210个可口可乐瓶（安迪·沃霍尔，布面合成聚合物颜料上丝网印墨，1962年，私人收藏）

安迪·沃霍尔将题材转向了电影明星，他采用一种借助机械的照相丝网印手法，实现了他去除艺术家个人特性而去描绘他那个时代的生活和图像的愿望。他允许每一层丝网色彩在画面上留下不完美的痕迹，以此去突出这种手法的机械性本质，当观众去思考梦露的命运时，也暗示着熟悉感滋生了冷漠，甚至对当代生活中这类人令人不安的方面也表现出冷漠。他在20世纪60年代早期的创作确实有意无意地打破了高低文化的界限，用超市里的凡俗之物调侃了以抽象表现主义为代表的自视甚高的精英文化，还顺便嘲讽了一下貌似纯洁的艺术画廊和博物馆。

波普艺术与抽象表现艺术不同的是作品中表现了明确的主题，他们希望这种主题迅速地被观众熟悉，他们是从大众文化中借用图像，包括艺术名作、漫画书、商业广告、汽车设计、电影以及日常生活。当时，高雅艺术和大众文化之间是有明显界限的，波普艺术家通过把高雅艺术材料和商业元素结合的方式弥合了这条鸿沟（图4-1-11）。

图4-1-11 玛丽莲·梦露（安迪·沃霍尔，布面合成聚合物颜料上丝网印墨，1962年）

德国艺术家约瑟夫·博伊斯（Joseph Beuys）是一位既富有魅力又备受争议的现代艺术家，他的行为艺术中具有一种潜在的巨大力量。《油脂椅》（图4-1-12）的创作灵感来自艺术家的一次经历。“二战”期间，他的飞机被敌军击落，在他等待死亡的时候，被当地的鞑靼人救助了，他们用最原始的毛毡、动物油脂、奶制品等物品救活了博伊斯，于是他开始反思艺术与生活之间的关系，他希望艺术重新回归生活。他的意图是让作品激发人们去思考，艺术可能是什么？以及艺术创作中可以使用我们在日常中不在意的任何材料。他希望通过他的作品来讨论“我们如何把思想转化为言语”的问题。博伊斯为艺术打开了另一扇窗户，当他做《如何对一只死兔子解释绘画》这个作品时，看似病态的行为，就指出艺术作品在我们心中会引发出复杂而摇曳不定的情感，它使我们能够直接面对诸如死亡之类的非审美的主题，同时也颠覆了人们对于审美的观念。诚然，我们不可能向死去的人或物解释什么事情，但只有先许下这个愿望，我们才能在不久的将来找到实现它的方法。在博伊斯看来，一切创造性的思想都是艺术。[1]

[1] H.H. 阿森纳，伊丽莎白·C. 曼斯菲尔德．现代艺术史：插图第6版[M]. 钱志坚，译．长沙：湖南美术出版社，2020：624-625.

他是一位借助萨满式行为和启迪性演讲来展现我们“在世存在”意愿的艺术家，他相信我们必当践行一种大众艺术。1982年在第七届卡塞尔文献展上，博伊斯提出了一个著名的艺术计划“7000棵橡树——城市绿化代城市统治”，他要在卡塞尔市内种下7000棵橡树，每一棵橡树旁边都安置一根玄武岩石柱，象征着生命、未来和发展。而这个计划不仅由艺术家自己实现，他也使得很多民众参与了进来，直到1987年他的儿子在父亲的第一棵橡树旁边亲手种下了第7000棵橡树。博伊斯曾这样解释他的作品：当我们看到一棵树和一块石条时，会唤起我们这个个体参与公共计划的记忆，这个计划把自然和城市紧紧相连。精神上，我们期待整个城市被7000个由个体自由意志装置的物件占据。他将很多不可能的幻想变成了现实，他对艺术有清晰的认识，即使社会学是人的科学，即使他没有所谓的科学帮助便不能成立，但由于一系列实证主义倾向，它对艺术持有争论的态度就是艺术毫无价值，艺术毫无意义。博伊斯将艺术的概念从传统意义上解放出来，使得艺术完全由人来支配，他同时也改变了艺术的全球观念（图4–1–13）。

图4–1–12　油脂椅
（约瑟夫·博伊斯，1981年）

图4–1–13　7000棵橡树——城市绿化代城市统治
（约瑟夫·博伊斯，1982年）

然而，将艺术作品置于环境空间中，并不都是容易被人们所接受的。极少主义雕塑家理查德·塞拉（Richard Serra)的作品《倾斜的弧拱》（图4–1–14）是一件引起激烈争议的作品。该作品长120英尺（36.6m），高12英尺（3.7m），一个重达72吨的、没有任何装饰的弧形且倾斜的钢板，是专门为纽约弗利广场的联邦大楼群而制作的。作品在1981年完成安装后就引起民众的不满，认为其是“面目狰狞，锈迹斑斑的一块废铁”，并阻挡了横跨广场的便捷交通，同时也遭到一些经常集聚于此的社会团体的强烈反对。就是这样一件作品以一种最为激烈的方式与公众产生了“碰撞”，但是没有人能

图4-1-14 倾斜的弧拱（理查德·塞拉，热轧钢，1981年曾位于弗利广场的联邦广场纽约，1989年移除）

忽视它、避开它，它所触及的是人们最基本的身体感受，它迫使你思考，或是提问，为什么它会在这里，它想要表达什么？而当你开始思考的同时，你对于这件作品就开始有了一个新的体验，你穿过广场的行为就变成了有意义的艺术体验。塞拉这样解释他的作品："我的雕塑不是为了让观众驻足观看，在底座上放置雕塑的历史目的是在雕塑和观众之间建立一种分离感。我感兴趣的是创建一个行为空间，观众与雕塑在他们共同形成的语境中互动。一个人的身份与这个人空间和位置的经验密切相关。当一个已知的空间通过包含一个特定场域的雕塑被改变时，这个人就与不同的空间联系起来了，这是一个条件，这个条件只能由雕塑产生。"❶

建构空间《倾斜的弧拱》于1989年被拆除，经过了几年的风吹日晒，这张铁板发生了氧化，表面形成了丰富的肌理和色泽，或者说更像是一种工业版本的《睡莲》。虽然作品被拆除，但是却对公共艺术留下了很多的思考：公共艺术是否应该迎合公众的审美取向和功能要求？它可能拥有更多的观众，但它们也可能产生问题；人们对于公共空间里的艺术形式会有不同的看法和观点，它能激发出的情感可以是积极的，也可以是消极的，甚至可以引起强烈的争议；艺术家对于公共艺术的创作到底有多大自由度的表达；公众在参与到艺术创作中时，他们的权利又有多少等。无论是建筑还是独立的公共艺术品所扮演的角色，他们都是通过空间的诠释，来获得我们对空间的认识、对空间的感受。

克里斯托和让·克劳德（Lanke）夫妇的艺术创作同样具有文化改造和审美超越的能力，他们的作品在很大程度上可以属于环境工程，或许从根本上很难定义他们属于哪类的艺术家，但可以确定的一点就是他们远远超出了传统艺术的范畴。他们的作品大多以大自然作为创作媒介，将艺术与自然有机地结合，创造出一种富有艺术整体性情景的视觉艺术形式。《延伸的岛屿》（图4-1-15）是1983年5月他们在迈阿密的比斯坎湾用650万英尺（1981.2km）的聚丙烯织物环绕的11座岛屿，为此他们清理了近40吨的垃圾，"被环绕的岛屿"作品只持续了两周的时间，但它对这座城市的文化历史却产生了持久的影响。他们的每一件作品都充满着风险，是个艰难的过程。从提出设想，

❶ H.H. 阿森纳，伊丽莎白·C. 曼斯菲尔德. 现代艺术史：插图第6版[M]. 钱志坚，译. 长沙：湖南美术出版社，2020：578.

绘制草图，制作模型，以及到旷日持久的申请过程，谈判、协商、材料的准备、项目的实施对于艺术家来说都是巨大的挑战。

他们在1995年创作了《包裹帝国大厦》（图4-1-16）这件作品花费了他们24年的时间与德国政府进行谈判，然而这还不是筹备最长时间的作品。虽然国会的外观被覆盖住，但人们依然能辨认出被艺术家包裹住的事物，但从视觉认知和视觉享受的角度来看，这些事物已经脱离了语境，成为抽象的语言，将其置入风景中，造成了一种强烈的疏离感。这件作品斥以巨资，牵涉到政治、经济、法律、外交等各个方面。他们并不希望为此获得赞助或者任何和商业有关的东西，而事实上，他们却成功通过大量的媒体广告、照片将艺术渗透到生活的每一个角落，这些短暂的作品对于艺术、对于人文历史、对于自然都产生了永恒的影响。

图4-1-15　延伸的岛屿（克里斯托和让・克劳德，迈阿密海上造景，1983年）

图4-1-16　包裹帝国大厦（克里斯托和让・克劳德，1995年）

阿尼什・卡普尔（Anish Kapoor）是印度裔英国人，他运用各种材料创作出直击人心的质朴雕塑和包罗万象的装置作品。他的作品混杂着感官的认知、神秘主义和形而上学的虚空概念，并将东西方以暧昧不清的方式综合在一起。他的创作虽然有形，却意蕴无穷，他所体现的那种对物理空间与形而上空间的认知模式尤其是对虚空的认知模式，其实就是心理和生理层面上的共同感知。这种感知模式被艺术家用各种各样的材料激发出来：颜料、反光钢材、大理石、金属材料以及聚氯乙烯等。他的《云门》（图4-1-17）被称为具有标志性和革新性的作品，它在主题上和很多卡普尔以前的作品有着共同点。镜子效果让人联想到以前游乐园里的哈哈镜，他们让巨大的“云门”看起来相当轻巧。通过“云门”反射天空、参观者、行人和周围的大厦，参观者每次只能看到自己和周围的映像，且以扭曲形式出现的空间，让观者出现了由固体变成液体的幻觉，同时也增强了他们的体验感与参与感。这是卡普尔把空间变得抽象的标志性作品，它被称为“一个由多重外表组成的艺术品”。[1]

艺术永远不会结束，人类的艺术就是在不断地摸索中纠结、前行。正如我们其实很难给艺术真正下一个定义，当你去美术馆观赏时，你是否还会在意它究竟属于哪个艺术流派，还是哪个形式的？我们只要记住，艺术不是突然出现的，而是一代又一代的艺术家用自己的思考，自己的作品一步步地推动着它发展的，艺术是我们不可或缺的精神支柱，它的每一次变革都离不开社会、经济、文化的发展，虽然它比生活高那么一点点，但它始终来源于生活。

图4-1-17　云门（阿尼什·卡普尔，2004年芝加哥，千禧公园）

第二节　课程概述

贡布里希（sir E. H. Gombrich）在《艺术的故事》中说：“实际上没有艺术这种东西，只有艺术家而已。”从古典艺术，到印象派，从毕加索到杜尚，我们会不停地追问，所谓的艺术，究竟是什么？每一次的社会发展与变革都会推动着艺术的不断向前与创新。艺术发展到今天，我们都无法预知未来艺术发展的方向，但是，我们至少要知道，我们学习艺术，并不是非要苦读钻研艺术史，面对看不懂的艺术作品，你只需要用心去感受、去体会其实就足够了。好的艺术品不是给我们提供了答案，而是提出了问题。

在科技发展的今天，我们获取知识的途径也发生着巨大的改变。如果说在这之前我们的教学方式还是通过你教、我学、你说、我听的方式的话。那么现在，在互联的

❶ 乔治·布雷．伟大的艺术家[M]．谭斯萌，李惟祎，钱卫，译．武汉：华中科技大学出版社，2019：342-343.

知识世界里，只要你想学，无所不能学。这样也会带给我们一些反思，作为大学教师，能够带给学生什么？是既定的知识点，还是已经编辑好的课件？这答案显而易见。我想我们提供的应该是一种思路、一些路径、一种状态，抑或是一些启迪，如果在你未来设计创作的道路上，能够从当年的课程中获得一些灵感的话，想必这也是课程设置的成功所在吧！

综合视觉训练是将课程体系带入并结合当代艺术来进行。希望通过课程训练，让学生了解现代艺术、当代艺术的解读方式，了解如何观看艺术所呈现的多样性。在训练中学会运用自己的语言去创作、去思考，当艺术表现已经不再是高高在上呈现在博物馆里的不可触摸的作品时，当艺术已经介入你的生活与学习中时，你可以触碰它，你可以参与其中，甚至可以去做一件自己的艺术作品时，你便得到了关于艺术的所有设想，你便获得了将艺术融入你生活的方式。艺术的存在不再是个人的情感慰藉，正像博伊斯所倡导的那样，人人都是艺术家。或许，我们参与课程制作的过程中就已经完成了一件艺术作品。

综合视觉训练课程将设计化、个性化、实践化贯彻始终。具象的表现方式，呈现非客观性的画面效果。通过思维导向的引导，逐渐地从客观再现事物中抽离出来，了解抽象艺术的本质与精神内涵，独立创作抽象作品，当我们所有的作品不只是以课程作业的形式呈现出来时，我们就需要思考，如何将课程作业转变成可以实践的项目（如将课程内容转化为大学生创新创业项目），在从课堂中不断地引导、切入、转换，当艺术作品介入空间之中，学生该如何去体验空间的概念以及艺术作为一种存在形式如何介入其中。

第三节　具象表现

一、课程分析

该课程对于主题的选取有些类似设计素描中的具象表现内容，只是我们将画面的色彩考虑在内。参考沃霍尔的艺术主张，将艺术更加的大众化，接近我们的生活，让学生在客观表现中融入情感因素，在描摹与创造中反复审视。它可以是对一种商品的绘制，也可以是改变它原有的视觉语言符号重新构建，从而形成自己独特的艺术语言。

要求学生自主或是分组选取所要描绘的对象，从客观上改变以往由老师摆放静物，学生客观描绘的局面，增强学生主观的思维意识，使其主动地去描绘客观事物，在自然界中去选取他们可以表现的物象，培养他们创新的思维模式。学生可以从身边的静物、景物、建筑空间等题材着手，描绘打动自己的事物，或自己感兴趣的东西，从我们日常的司空见惯的事物中去寻找美、发现美，并把它表现出来，用具象的手法表现主观的意识。

本课程的设置包括：色彩的创新设计与思维、色彩的结构与重组、色彩的语言与表现、色彩的提炼与归纳。通过对日常事物的观察与独特的理解，重新定义色彩的表现语言，通过独立地观察与思考的过程形成具有专业特点的思维逻辑。此课程关系到色彩学、符号学、心理学、设计学等多门学科的交叉，所以在表现上体现出综合性的特点。

水彩静物表现课程的特色是将客观表现与设计有机结合在一起，打破了传统水彩静物画在构图上的单一性，以及选材上只局限在静物台上的物体，转向更加丰富的表现内容。鼓励学生们大胆选择表现塑造的物象，正像之前在设计素描中对物象的选取一样。与此同时，将主观设计融入画面中，合理有序的组织形式、形态、节奏在画面中得以充分表现。走廊里的消防栓、教室里的桌椅、身边的调色盒、手边的书籍等都构成设计的主体，再通过设计合理地布置在画面中。

二、实例分析

1.设计构图

一年级的色彩基础课程中，学生们已经完成了对水彩的初步认知与实践。利用具象的表现手法，运用水彩将物象再现出来，并对构图加以设计分析，提升学生对设计的认知与表现能力。我们描绘的内容可以很普通，但是经过表现后的画面就要具有设计构成感。图4-3-1作品的构图新颖，涮笔筒是学生最为常见的物体，“一”字型横列

图4-3-1　具象表现—无序　杨晓萍

摆放，加上地面与白纸之间形成的对比关系，使画面产生了强烈设计构成关系。水彩表现丰富，且自控能力强，是一张难得的优秀作业。

学生在起稿前对构图与要表现的内容进行了反复思考，可乐瓶的排列隐藏着微妙的变化关系，画面整洁，构成感强，不拖泥带水（图4-3-2）。

图4-3-2　具象表现—CocaCola　周若兰

在作业构思阶段，通常鼓励学生从周边的物体去寻找，发现它们可以塑造的形态，重新进行观察整理，以此获得课程表现的主题。画室里看似随意放置的板凳以及靠墙的画架构成了画面表现的主体，板凳颜色的差别以及形态的变化增强了画面中设计的元素，深颜色的板凳与画架形成了颜色上的呼应关系，投影与实体间交互映衬着改变画面的节奏，两条凳腿下的白色纸块，让画面显得更加生动有趣，作者利用隐晦的设计手法，创作了一幅优秀的作品（图4-3-3）。

图4-3-3　具象表现—站排　张诗淼

卫生纸是我们日常生活中最为常见的物品，图4-3-4作品利用俯视的视角来观察，将物体的正面与底面做了面积上的强烈对比，形成具有黄金分割视觉效果的画面，从而将画面的中心确定下来，等待着观者慢慢的它的变化。

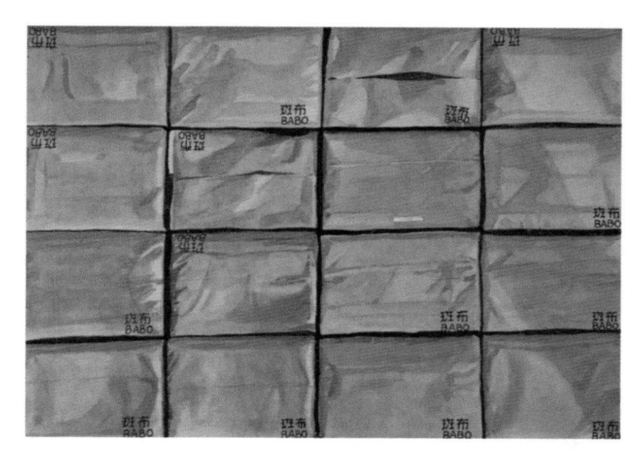

图4-3-4 具象表现—纸抽 许东宇

图4-3-5、图4-3-6两幅作品在处理的手法上很相似，从波普艺术形式中吸取了很多想法，利用图像式的构成方法，将表现物体的空间与实际平面进行交错表现，营造出一种全新的视觉感受。

图4-3-5 具象表现—观看 曹欣然

图4-3-6 具象表现—生产 王梓渝

图4-3-7作品的构成很有趣味，运用了两个视角来完成画面的组织工作。两个视角相互交替、错落的分布其中，非常自然地统一在一起，构思新颖，创意感强，使画面产生了具有当代性因素的表现效果。

图4-3-7 具象表现—我看你笑 刘洋

建筑与设计是一个整体。艺术形式的多样化与体系化，需要建筑设计师的综合艺术修养能力，发挥个人的独立思考能力与发散思维表现力。建筑师作为空间设计的创作者，探讨着平面空间与建筑空间的共通性，丰富建筑空间语言，感受空间形态，营造、创新更好的建筑艺术空间。

2.质感

质感就是对物象材质的感知与塑造。体验物体质感在光影关系下产生的丰富变化关系。生锈的铁管具有很强的色彩表现力，图4-3-8作品有意识地将背景与主体分隔开来，以此突出主体质感的表现。

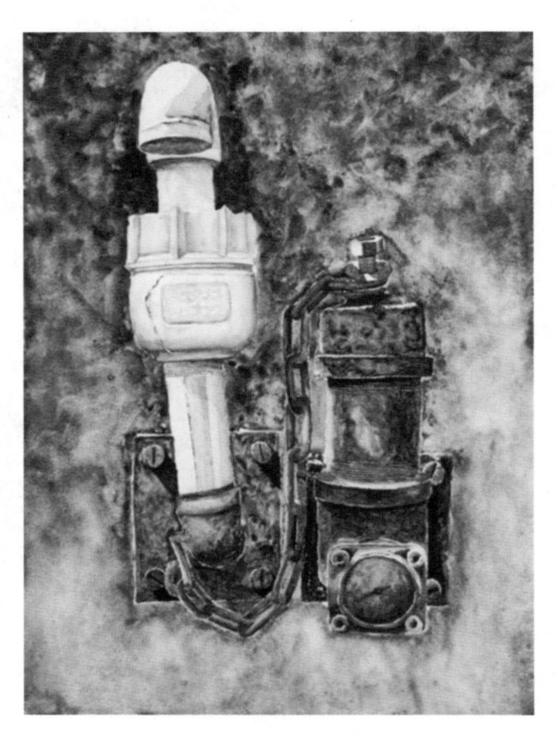

图4-3-8 具象表现—螺栓 张靖深

图4-3-9作品作者的取材比较特别，螺丝与螺母在现实中是很难被发现，并成为画面表现的主体，由于体积太小、形态单一，在大尺度的画面中很容易形成空旷的视觉感受，这都增加了塑造的难度。可是，作者很坚持自己的想法，经过微观的细致观察与塑造，为了增强画面对比关系，利用倒影的关系丰富了画面效果，利用物体间颜色的变化，将本来不起眼的物体表现得生动有趣，体现了作者独特的视角

感受。

图4-3-10作品很好地抓住了对主体的表现与塑造，通过质感的塑造在物体与时间之间建立了某种关联性，时间成就了如今的物体，物体的痕迹验证了曾经逝去的时光。

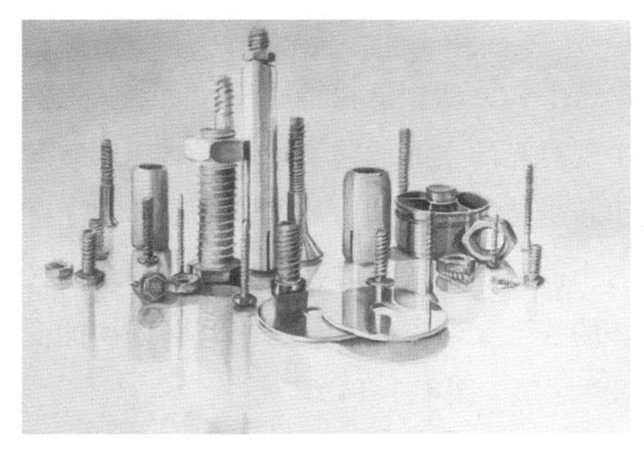

图4-3-9　具象表现—螺丝钉　陆安楠

图4-3-10　具象表现—锈　李唐

建筑材料的肌理对建筑质感的影响决定着人们对建筑的心理感受。在建筑各种材料中，金属受自然环境的影响是最为明显的。随着时间的变化，长时间的裸露会使金属产生微妙的变化，而这种锈蚀的过程恰恰印证了时间与历史的沉淀，体现建筑本身更为特殊的历史与文化积淀。皮亚诺和罗杰斯设计的法国蓬皮杜艺术中心是一座使用暴露的金属结构框架的建筑。线性的金属构架、设备管道成为建筑立面的主要内容。新的肌理秩序赋予了建筑的现代感与运动感（图4-3-11）。

图4-3-11　法国蓬皮杜艺术中心　伦佐·皮亚诺　理查德·罗杰斯

3. 光与影

水彩表现离不开光，我们通过光影来感受色彩发生的冷暖以及颜色的变化关系。影子作为表现元素，无论是在摄影，还是绘画作品中都有应用，将它有意设定在画面中，感受光与影带来的视觉映像。图4-3-12作品对于物象的表现，采取了多视角融合的方法，在同一平面内探寻空间表现的多样性，使画面产生了多维度空间的表现形式，想法大胆，构图别致。

图4-3-12 具象表现一影 宋娟

图4-3-13 具象表现—有光的下午 郭欣睿

图4-3-14 小莜邸住宅 安藤忠雄 1981年

午后的阳光总会给人一种温暖平静的感觉。作者善于观察，将我们每天看到的景物搬进了画面之中，自然中流露着独特的心理感受，将情感与物象有机地融合在一起（图4-3-13）。

光与影是建筑中最灵动、最独特的设计元素。人们利用光影关系实现对光的空间体验，实现了对建筑空间的构建，利用明暗交替的节奏，增加建筑空间的秩序感。安藤忠雄设计的小莜邸住宅的走廊在墙上排列多个采光口，使原本单一的线性交通空间，产生了光影韵律的变化，增加了空间秩序感（图4-3-14）。

4.视角与观念意识

不同的视角，对于同一个物象会产生巨大的视觉变化。观念意识是一种认知方式，更是一种情感的流露。人是先通过视觉器官产生视觉，从而感受空间，再由其他因素的综合影响产生对事物的认知观念。在课程中，鼓励学生多视角观察，以此获得具有创新性的认知方式，建立设计新体验。走廊里的消防设备，能够成为画面表现的主体，证明了作者对图像的认知方式发生着变化，它在作者的眼里，不再是物体原有功能性的存在，而是具有点、线、面的构成关系（图4-3-15）。

大视角下会使物象发生强烈的透视关系变化，从而呈现较强的视觉冲击力（图4-3-16 ~ 图4-3-19）。

我们并非只凭眼睛或是单一的视角来认知自然，而是将各种同时感知到的感觉综合在一起去领会事物，我们围绕着一种固有的意识生活并感知外界。观念意识是探索世界的一种方式，它没有先后，更没有对错，是创新思维转变下的一个重要衡量标准。

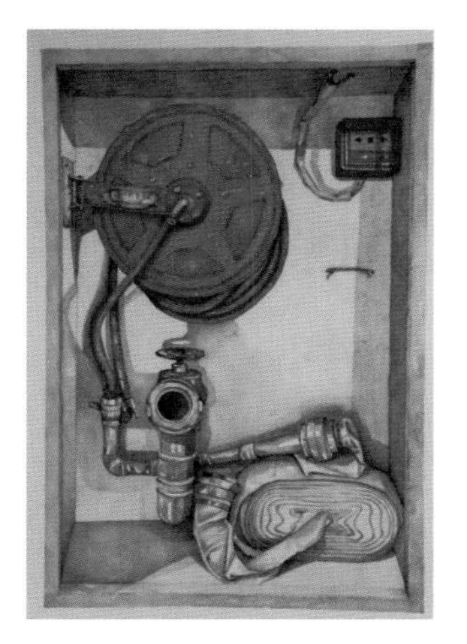

图4-3-15　具象表现—囤积　邵玲芳

图4-3-16　具象表现—色的序列　张喆

图4-3-17　具象表现—调色盘　张雪菲

图4-3-18　具象表现—那个年代　刘子润

图4-3-19　具象表现—属于我们的时代　李克

第四节 离我们最近的抽象画

一、课程分析

英国艺术批评家赫伯特·里德（Herbert Read）曾说：“整个现代艺术史是一部关于世界视觉方式的历史，关于人类观看世界所采用的各种不同方法的历史。天真的人也许会反对说：观察世界只能有一种方法——即天生的直观方法。然而这并不正确。我们观看我们学会观看的，而观看只是一种习惯，一种程式，是一切可见事物的部分选择，而且是对其他事物的偏颇概括。我们观看我们所要看的东西，我们所要看的东西并不决定于固定不移的光学规律，也不决定于适应生存的本能，而决定于发现或构造一个可信的世界愿望。我们所见必须加工成为现实。艺术就是这样成为现实的构造。”

现代艺术放弃了对客观事物的描摹，转化成对事物内在的主观感受与对于事物抽象的表达。绘画形式也从真实的再现中解放出来，绘画转化为一种导向内心观察世界的思考和创意过程。

感知周边的事物、景物，从离我们最近的事物出发，观察、拍摄、取材分析，通过对抽象绘画的理解，组织自己的语言，对图片进行基本元素的提取、概括，用素描语言创作一幅抽象作品，再根据图片的色彩关系，完成色彩的组建与构成。

本课程提供了不同视角的观察实验，通过课程的学习，学生能掌握一种基本的对于客观事物的敏感性观察方式，并能辨认周围一切可以看到或者触碰到的事物，运用自身的感受力，理解并领会其内在的形式，从中抽离最本质的线性表达、体块关系、色彩运用，并完整地描述出来。我们的目的并不是抽象描绘的本身，而是学会某种视觉语言的工具。在整个的教学体验中，我们并没有固定的方式与方法可供借鉴，相反，学生在观察实践中获取自己的视觉语言符号，从而培养出独立观察事物的能力，以及能够自由运用视觉语言的能力。

如何观看抽象画，一直是学生们最为头疼的事。他们即便是学习了画画，可是每每看到现代艺术、当代艺术，却总还是一脸的茫然。此课程将带着学生们走进大师的抽象艺术，通过对作品的欣赏与解析，从更加宏观的角度了解抽象艺术背后的含义。有些作品是艺术家内心的情感流露，有些作品是艺术家对于物象的分析与自我解构，不同的视角、不同的思考方式。希望学生们懂得如何去欣赏并了解多种艺术形式，懂得艺术的真正意义，发现身边的美，学会运用自己的语言分析解构，创作属于自己的抽象画。

二、实例分析

1.具象到抽象

将图片中的物象进行简化，抽离出最小的单元元素，再以图片原型作为参考载体，通过重组、再塑，构建起新形式的逻辑关系。先完成素描关系的建立，再依托原有图片的色彩或是重新组建色彩关系，形成具有抽象形态的、平面构成因素的画面效果。这个课程主要考察学生的抽象概括以及空间逻辑思维能力。抽象作为一种艺术表现形式，不再是我们看不懂、摸不到的东西。通过这样的课程训练，让我们离抽象越来越近，从艺术中获取能量、释放情感（图4-4-1）。

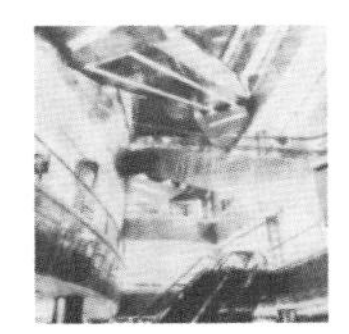
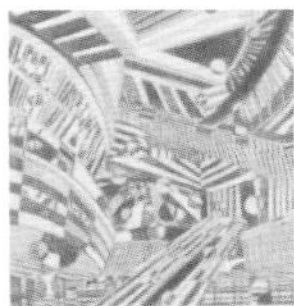
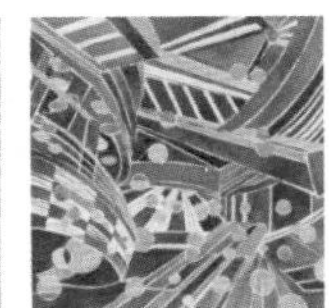

图4-4-1　离我们最近的抽象画—行走　向彦

从具象到抽象的转变，对于具象图片的选取是有要求的。首先，我们可以选择图片中构成组织更加明显的画面，但不要选择过于简单的图像，越是简单，就越不容易概括出基本构成要素；其次，对于图片色彩的选取尽量丰富一些，在进行色彩抽象表现时可以利用和借鉴的因素就越多；最后，所有画面的构成都需要学生自己去构建，所以在抽离过程中一定要选择更具表现力的图片，来获取更多的灵感（图4-4-2、图4-4-3）。

图4-4-2　离我们最近的抽象画—光　万鋆玥

图4-4-3　离我们最近的抽象画—有你真好　张诗淼

抽象绘画是二维的，它是通过图形的叠加、组合方式来实现浅空间的表达与诠释；建筑空间是三维的，是将其通过视觉在空间中形成的透视关系来传达再现。抽象绘画是让观者产生一种空间联想，利用设计构成的手法引导观者构思、寻找隐藏在图像下的一个新空间。柯布西耶在《新精神馆的静物》（1924年）中，利用玻璃容器透明的特征，运用色彩与图形的变化，通过拆分、重组、叠加、拼贴的方式表现物体的空间关系（图4-4-4）。

图4-4-4 《新精神馆的静物》 柯布西耶 1924年

2.图形与空间

利用图形体现空间，通常是利用物象透视的原理，根据图像中的明暗、色彩对比、物象远近等关系来获得立体的、有深度的空间感受。从具象图形中寻找不确定的几何形和色块，更加理性的将基础元素从中分离出来，形成点、线、面以及色彩的关系，来创造空间表现的新形式。从中国古代建筑中选取符号元素进行抽象处理，使画面呈现出具有民族性、地域性的特点，构建建筑语言新的精神内涵（图4-4-5）。

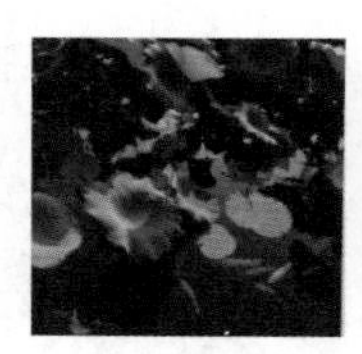

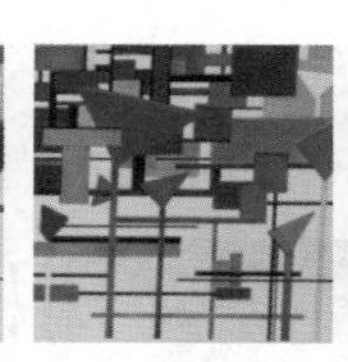

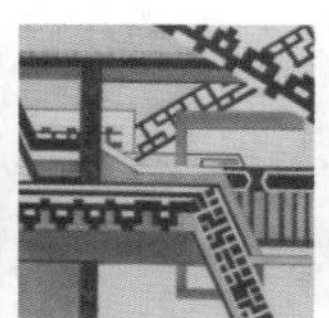

图4-4-5 离我们最近的抽象画一合成 张雪菲

抽象表现涵盖了大量的知识体系，学生对画面的整体把控以及重新建立色彩关系，将空间与平面进行互置推理，形成空间新秩序关系（图4-4-6 ~ 图4-4-9）。

在很多时候，我们的思维会完全局限在一个狭小的空间里，很难冲破。从平面到空间，从具象到抽象，我们试图通过图形去寻找与外界的某种内在关联性，追求视觉上特殊的空间体验，创造未能实现的空间与心理感受，从而获得思想上的情感和价值观的转变。

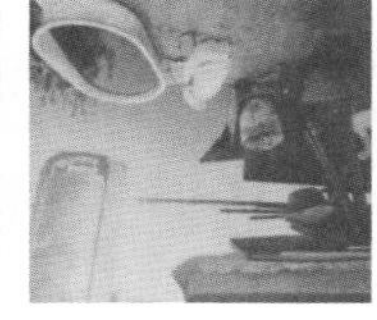
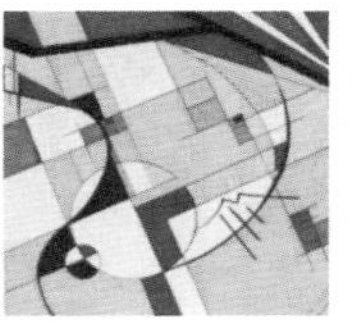

图4-4-6　离我们最近的抽象画—型　王逸权

图4-4-7　离我们最近的抽象画—色域光　张喆

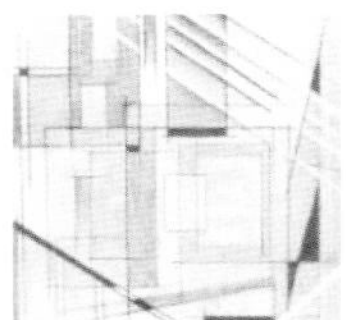

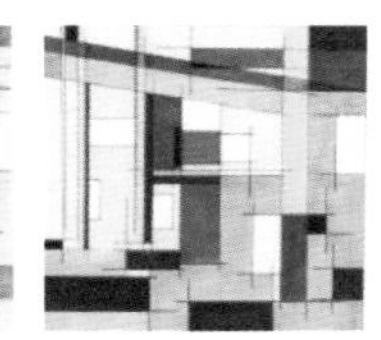

图4-4-8　离我们最近的抽象画—建筑失序　于丰崧

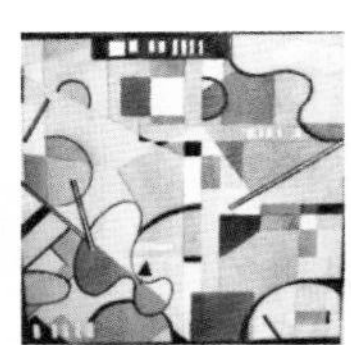

图4-4-9　离我们最近的抽象画—在家　杨金睿

3.情感语言

从具体中抽离符号，并不是静态的、单纯的体现，它是将色彩与线条，在画面中建立一整套的精神逻辑体系，从而形成独特的语言方式。这两幅作品从原图片上看，很难找到原来物象的痕迹，似乎从一开始，作者就有了自己想要表达的语言。所以在整个抽离的过程中，让人感受到了轻松、自在的情感。它像是一首歌、一个乐谱一样，展示着它想说出的话（图4-4-10、图4-4-11）。

课程中要求学生自己拍摄图片，因为这是情感产生的起点。越是简单的图像，就越不好进行抽象的截取与处理。校园夜晚的路灯，是我们经常看到，却很难注意观察的物体，如果将情感传递其中，便会触发我们的视觉神经，进而影响到人的心理感受。图4-4-12作品恰到好处地利用了人的通感知觉，和谐统一的画面传递着一种温暖与平静。

抽象表现是一次很自由、很自我的创作课程体验。同样的事物，每个人都有不一

图4-4-10　离我们最近的抽象画—窗内与窗外　刘思成

图4-4-11　离我们最近的抽象画—街　林嗣添

图4-4-12　离我们最近的抽象画—灯下　陈雨童

样的理解与分析，其实这是一件很有意思的事情。将原有的图片进行拆分、解构，重新划分单元，通过这个过程，将人的情感引入空间构成中，为空间构成增加了情感的维度，实现五维空间的展示。图4-4-13、图4-4-14作品将二维的物象转化为三维的空间，有意地制造一些矛盾的空间形式，使画面产生了视觉幻象。

图4-4-13 离我们最近的抽象画—破碎 史景瑶

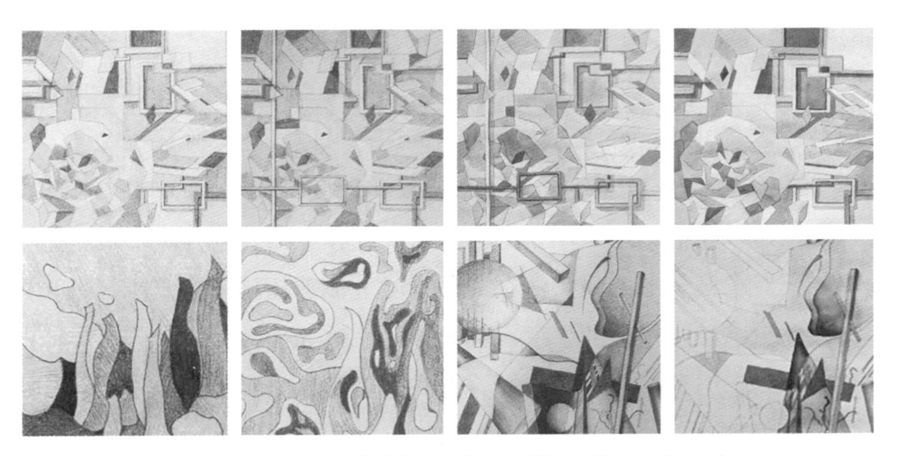

图4-4-14 离我们最近的抽象画—破碎（草稿） 史景瑶

抽象绘画的表现手段与建筑空间的材料属性在情感表达层面上是相通的。通过建筑界面上色彩的使用以及空间造型的改变将情感因素融入其中，从而增加建筑空间表现的新维度，进而影响到人的情感与心理的变化。柯布西耶在斐米尼青年文化中心的设计中采用了未经任何修饰的混泥土墙面来表现建筑粗野的情感，在居住单元的室内利用鲜亮的色彩，与之形成非理性情感的对比（图4-4-15、图4-4-16）。

图4-4-15 青年文化中心

图4-4-16 居住单元室内

第五节 当艺术介入空间

一、课程分析

以校园内的空间作为设计场地，通过实地考察，对空间进行重新梳理，实现空间与艺术、文化与功能的完美结合。要求学生完成前期的调研，对于空间的分析，结合校园文化的传承，最后出设计方案。

戴维·德尔尼（David Dernie）在《建筑绘画》一书中提出通过将绘画、动画和电影进行合成与拼贴，可以获得建筑体验的丰富性，可以表达并陈述出绘图、建筑、语言与思维之间的复杂交织的关系。彼得·艾森曼（Peter Eisenman）也曾问道："到底是建筑的纸本模型是真实的，还是模型的构想与实际存在的建筑是真实的？"在视觉文化凸显的今天，对于视觉形式的关注在某种程度上似乎超越了建筑本身的功能性。如果建筑学完成的只是解决理性的，那么其艺术性又该如何去体现。建筑美术教学提供的应该是一种体验，引导一种思维与观看方式，试图探索其存在的多种可能性，尝试从建筑空间中探索某种艺术形式与审美，体验具有"建筑意"的空间、围合、构成等综合因素。以此作为课程的切入点，在某一特定的建筑空间中寻找与艺术相结合的方式，是对空间形态的理解与建构。正如赫伯特·里德指出的"不能够以概念的方式来了解形式，空间与想象，而只能通过试验的方式去发现"。

同学们先对校园空间有个初步的认知，并对可实现的功能性问题进行调研，分别对文化、历史、周边建筑的功能、流动路线，以及可承载的人群情况做好研究与分析；其次要选择所需要的材料，收集任意材质的物品，分析其特性，研究与其相对应的空间的和谐情况，探究其特有的美感并设计出有特点的节点，遵循某种规则性重复的原理，设计出一个单元，生成一个界面，围合成一个空间。经过反复地磨合与实验，学生可对材料肌理、节点、结构从原先的感性认识转向更深一层的理解与分析，摆脱定性分析所带来的不确定因素等；再次确定主题，主题的设定要与校园文化、历史传承相结合，不可孤立成无源之水；最后形成可实施性方案，添加设计说明，建立项目效果图。

（1）公共空间概念的建立，是物质存在的广延性与扩张性的表现。在特有的人文环境形态中进行设定，其反映了空间布局和组织的多元性。考虑空间、尺度、可达性与易达性等多种因素。

（2）周边考察与调研要对实地进行多方的认证，划分空间范围，布置交通流线与空间分布情况，考察环境气候等因素与周边建筑的关系。

（3）设计命题，准备设计任务书。功能的要求、设计的定位、施工位置以及使用资金情况等要进行说明。

（4）设计图的制定要有草图、思考和改进的过程以及最后呈现的效果图。

展开实验性教学，将课程与校园文化建设相结合是我们近几年教改的一项新尝试，依势寻找与建筑设计相通、相融的课程交叉点，把平面绘画表现与空间公共艺术结合起来，探索材料对空间文化的影响，引向观念思维，寻找设计中的节点，提高综合设计训练能力。

课程作业的表现，不单单是以往的形式主义，而是以探索的方式，将实用性应用于课程建设。从平面到空间、从单一表现到多媒体应用，建立材料与空间之间的某种关联方式，充分挖掘学生的创新思维理念，挖掘建筑与环境、空间形态与色彩、空间与人文等多学科的内在关系。

二、实例分析

（一）校园文化与公共空间

针对校园文化与公共空间的融合设计，在日常学习中，将课程设计与实际项目结合在一起。使艺术介入空间，应用到公共空间设计与校园文化建设中。此次项目进行的空间设计是针对建筑馆内一楼评图空间的改造，将多媒体艺术的新形式应用于建筑空间之中，针对项目场地进行了实地的调研与分析，从而提出改造方案，并且做相关数据的评测分析与研究。

1. 原有场地分析

课程项目首先要对所设计与改造的场地进行分析、调研、考察。建筑馆一楼原有的评图空间布局规划不合理，即便是在评图展示期间，也会出现混乱的状态，不仅影响评图效果，还为建筑馆内部空间布局带来不和谐的因素。（图4-5-1~图4-5-3）。

图4-5-1　场地现状

图4-5-2　问题一：讨论空间单一

图4-5-3　问题二：展示空间缺失

2.设计背景

该方案属于改造型方案，是在已有建筑的基础之上提出优化改善策略，需要对已有建筑馆，甚至周边建筑场地进行调查分析（图4-5-4）。

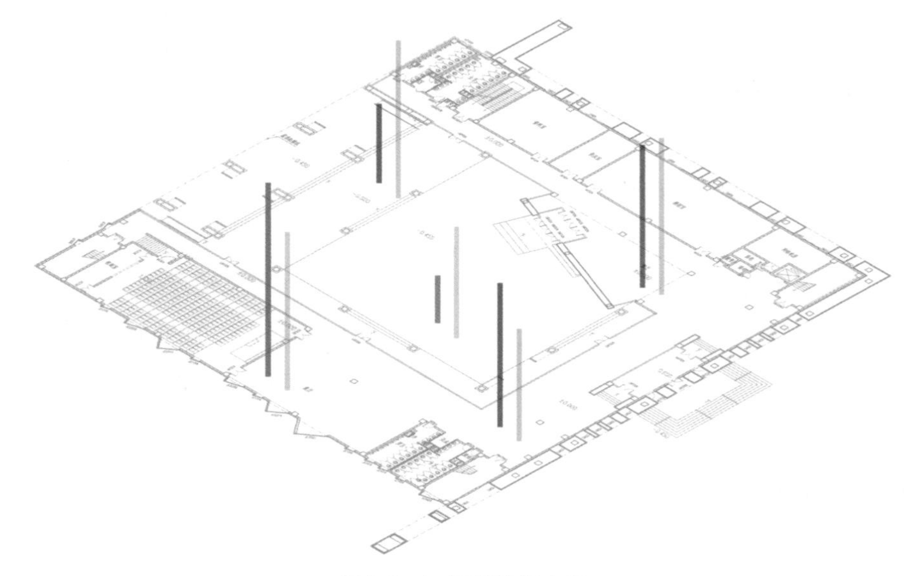

图4-5-4　建筑馆1F空间

3. 设计说明（图4-5-5、图4-5-6）

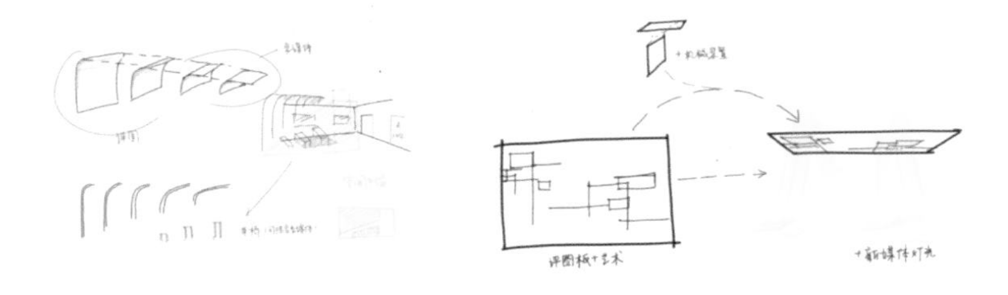

图4-5-5　A102门前大厅评图墙初步设计想法草图——曲面形态以及灯光投影效果

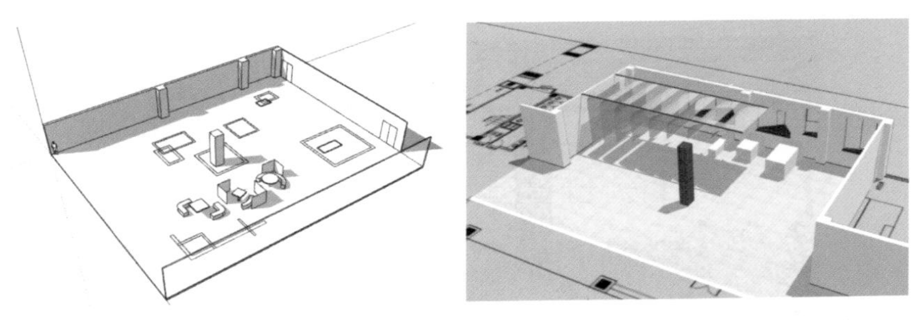

图4-5-6　A102门前大厅初步设计方案——天花板灯光投影、曲面形态评图版

4. 项目初步方案（图4-5-7～图4-5-12）

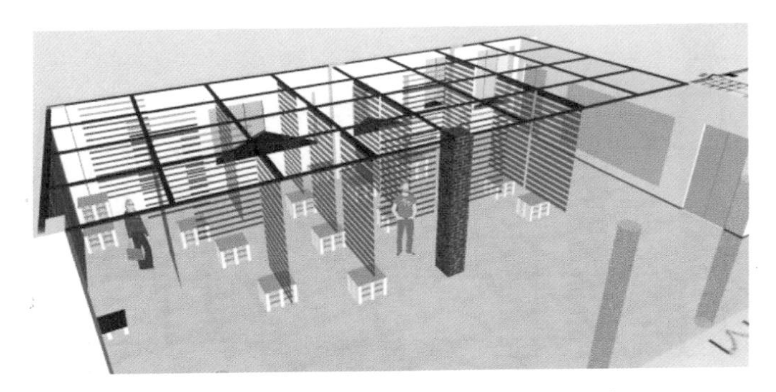

图4-5-7　建筑馆A102评图大厅设计第一版方案

图4-5-8　建筑馆A102评图大厅设计第二版方案

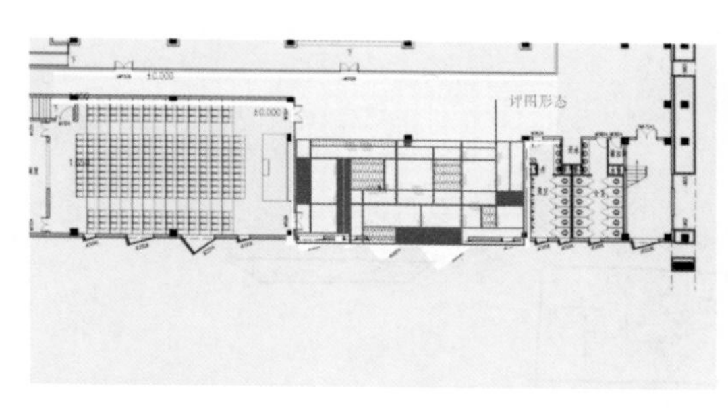

图4-5-9　评图状态时空间效果图及平面图

图4-5-10　展板收起时（1）

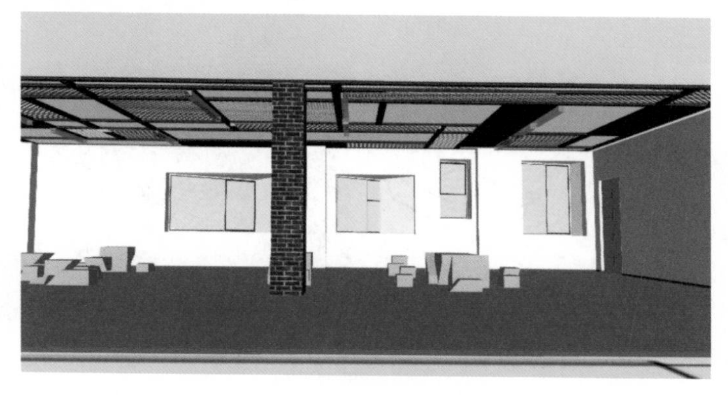

图4-5-11　展板收起时（2）

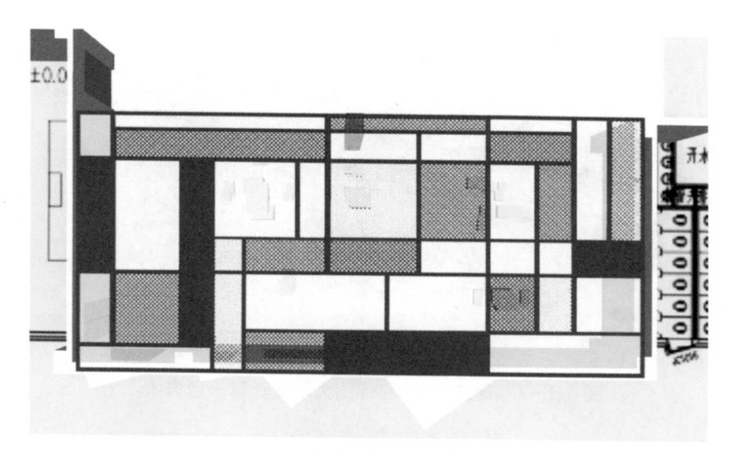

图4-5-12　材质：白色半透明玻璃/彩色铁丝网格（红/黄/蓝）

5.项目落地方案

具体图纸尺寸和不同挂图形式总结，包括图纸的横竖边长、横板竖版不同组合形式（图4-5-13~图4-5-18）。

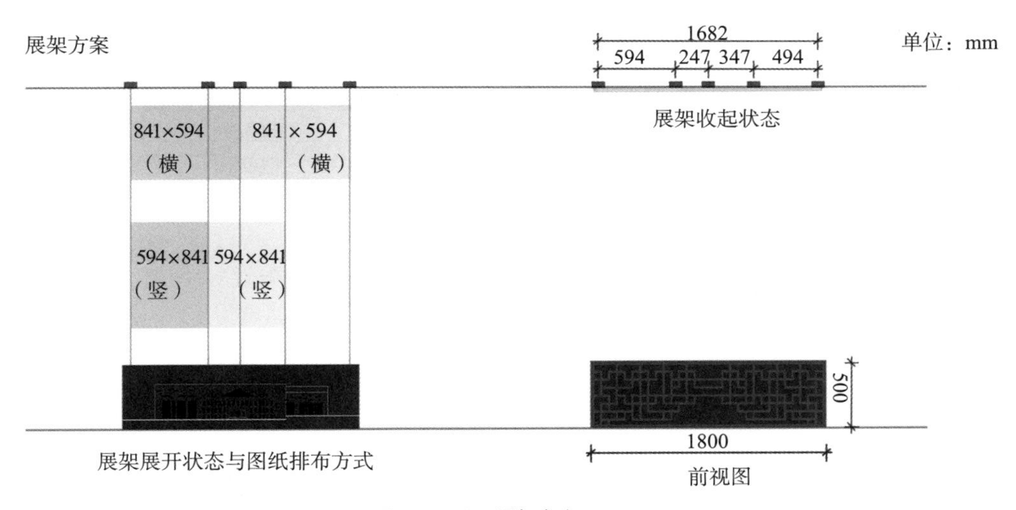

图4-5-13 展架方案

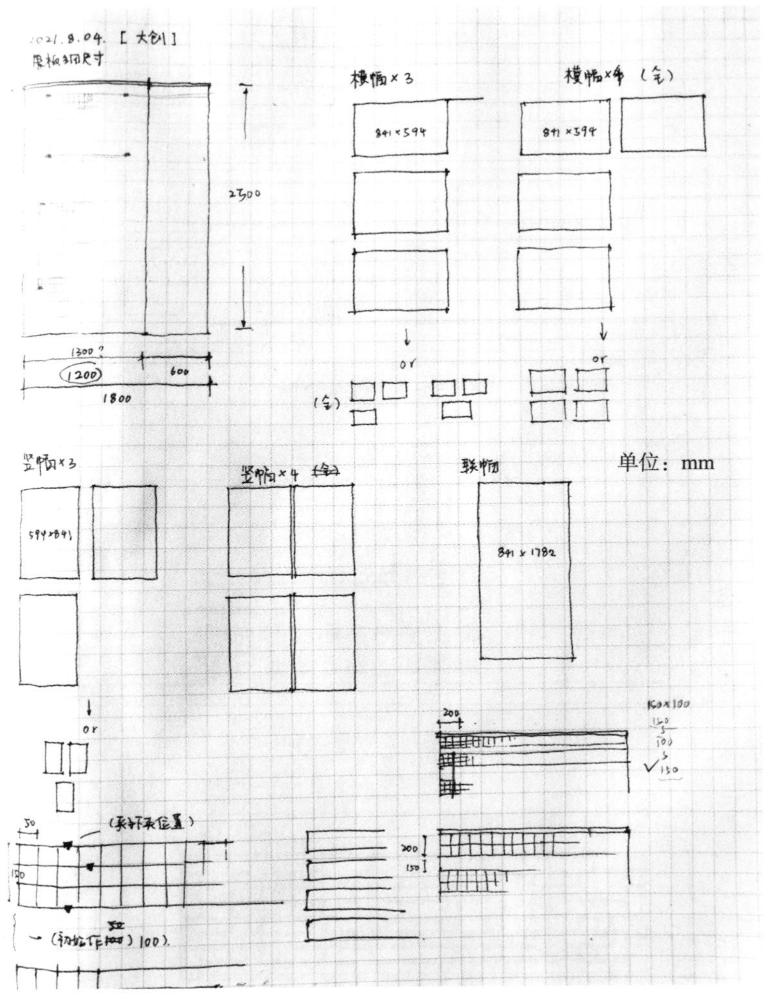

图4-5-14 展架平面图

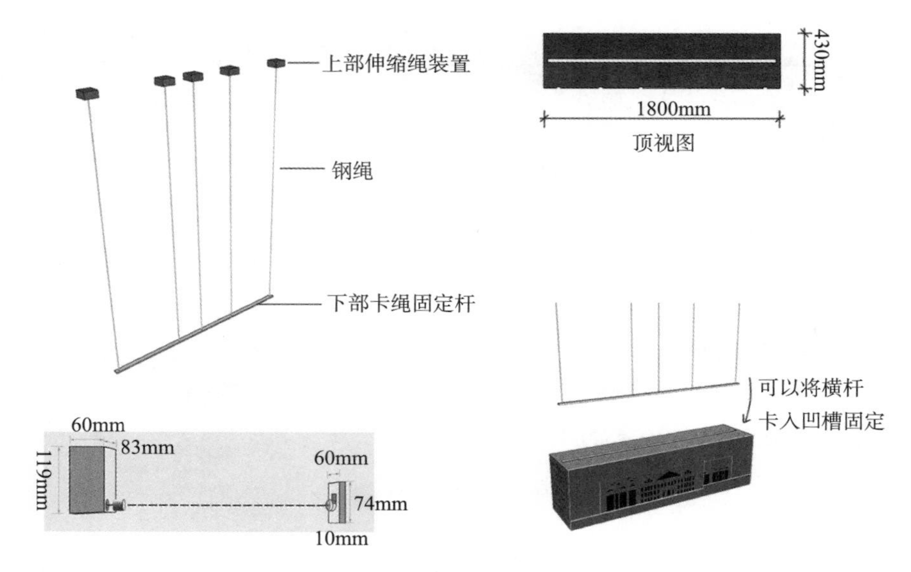

图4-5-15 伸缩杆

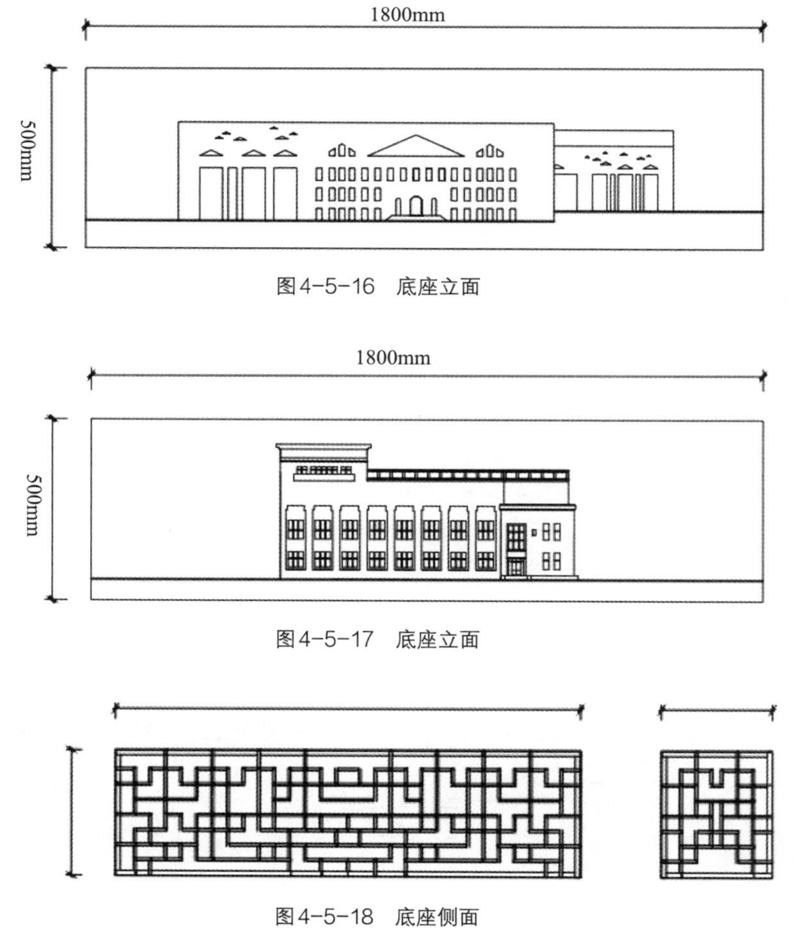

图4-5-16 底座立面

图4-5-17 底座立面

图4-5-18 底座侧面

效果图展示如下（图4-5-19~图4-5-23）：

图4-5-19　效果展示（1）

图4-5-20　效果展示（2）

图4-5-21　效果展示（3）

图4-5-22 效果展示（4）

图4-5-23 效果展示（5）

校园文化对大学生身心发展、道德水平的提高、审美情趣的提升起到了至关重要的作用。高校艺术教育就是大学生民族文化记忆存续及其文化认同巩固的重要载体。将艺术介入空间，是具有集体性、实践性、大众性的普遍特征，使之成为大学生群体文化记忆的主体，呈现多元校园文化的同时，也造就了学生综合能力的提升。让学生在与艺术亲密接触的过程中受到潜移默化的熏陶。该项目目前是省级大学生创新创业项目，其实施工作也在稳步推进中。希望会在未来的系列教材中看到更多成果。

参考文献

[1] 原研哉.设计中的设计[M].纪江红，译.桂林：广西师范大学出版社，2010.

[2] 彼得・库克.绘画：建筑的原动力[M].何守源，译.北京：电子工业出版社，2011.

[3] 贾倍思.全国高等学校建筑美术教程・名校名师系列・香港大学・贾倍思：型与现代主义[M].西安：陕西人民美术出版社，2017.

[4] H.H.阿森纳，伊丽莎白・C.曼斯菲尔德.现代艺术史：插图第6版[M].钱志坚，译.长沙：湖南美术出版社，2020.

[5] 理查德・加纳罗，特尔玛・阿特休勒.艺术：让人成为人・人文学通识（第7版）[M].北京：北京大学出版社，2004.

[6] 原研哉，阿部雅世.为什么设计[M].朱锷，译.济南：山东人民出版社，2010.

[7] 隈研吾.负建筑[M].计丽屏，译.济南：山东人民出版社，2008.

[8] 皮埃尔・卡巴内.杜尚访谈录：插图珍藏本[M].王瑞芸，译.北京：中国人民大学出版社，2003.

[9] 康定斯基.康定斯基论点线面[M].罗世平，魏大海，辛丽，译.北京：中国人民大学出版社，2003.

[10] 顾大庆，柏庭卫.空间、建构与设计[M].北京：中国建筑工业出版社，2011.

[11] 中央美术学院美术史系外国美术史教研室.外国美术史[M].北京：高等教育出版社，1990.

[12] 约翰・赫斯克特.设计，无处不在[M].丁珏，译.南京：译林出版社，2009.

[13] 邵亦杨.全球视野下的当代艺术[M].北京：北京大学出版社，2019.

[14] 周至禹.当代艺术的好与坏：中央美院教授的10堂当代艺术课[M].北京：中国画报出版社，2019.

[15] 董雅，陈高明.天津大学：视觉设计基础・素描卷[M].西安：陕西人民美术出版社，2017.

[16] 贡布里希.艺术的故事[M].范景中，杨成凯，译.南宁：广西美术出版社，2008.

[17] 王昀.跨界与设计：绘画与建筑[M].北京：中国电力出版社，2016.

[18] 乔治 · 布雷. 伟大的艺术家[M]. 谭斯萌，李惟祎，钱卫，译. 武汉：华中科技大学出版社，2019.

[19] 黛布拉·德维特，拉尔夫·拉蒙，凯瑟琳·希尔兹. 艺术的真相：通往艺术之路[M]. 张璞，译. 北京：北京美术摄影出版社，2017.

[20] 温迪 · 贝克特. 温迪嬷嬷讲述1000幅世界名画[M]. 秦力，译. 武汉：华中科技大学出版社，2019.

[21] 陈心懋. 综合绘画：材料与媒介[M]. 上海：上海书画出版社，2005.

[22] 马可 · 梅内右佐. 图解西方艺术史：20世纪当代艺术[M]. 庄泽曦，译. 北京：北京联合出版公司，2020.

后 记

《建筑学美术基础教程》是东北大学建筑学院美术课程在教学体系与教学内容方面的全面展示。课程设计从传统的关注物象表现到以设计创新为主题的转变，经历了十多年的不断修正与探索，此书的编写并非具有权威性与代表性，但却是探索适合建筑学美术教学的一种新的可能性研究，将设计思维融入其中，让其成为艺术与建筑设计的桥梁和纽带，从而实现为设计服务的目标。艺术的真正目的是非物质化，是在实践与探索的过程中获得的创新思维的能力，这也正是我们想要达到的目的。

建筑学美术教学对于增强学生对艺术的感知与了解，提升学生的艺术修养和人文素质具有积极的意义与不可预知的价值。课程体系在发展中不断前行、更新与调整，与时俱进。经过深度的交流与合作，将新材料、新成果转化为教学资源，是未来我们不断努力的方向与目标。

本书的编写参阅了大量的建筑类、绘画类、艺术设计类等相关专业的书籍与图册，首先向有关专家、学者表示敬意。此外，感谢美术教研室所有参与课程研究的各位同仁、朋友的帮助，特别感谢香港大学的贾倍思教授给予的大力支持。